全国高等职业教育"十三五"规划教材

物联网技术应用——智慧校园

主　编　刘修文
副主编　安　婷　李　彦
参　编　易国胜　颜爱华　王忠章
　　　　张志兵　胡艺雄

机械工业出版社

本书在介绍智慧校园的概念、功能、总体架构及关键技术后，详细介绍了智慧校园网络建设与升级、数据中心建设、教学基础设施建设、应用支撑平台建设、校园文化建设及智慧校园建设实例。

本书内容丰富、图文并茂，可以作为高等职业院校物联网应用专业的教材，也可为各地智慧校园建设者提供借鉴，供广大从事智慧校园设计、平台开发的技术人员参考。

本书配有电子课件，需要的教师可登录 www.cmpedu.com 免费注册，审核通过后下载，或联系编辑索取（QQ：1239258369，电话 010－88379739）。

图书在版编目（CIP）数据

物联网技术应用．智慧校园/刘修文主编．—北京：机械工业出版社，2019.7
全国高等职业教育"十三五"规划教材
ISBN 978-7-111-63074-6

Ⅰ.①物…　Ⅱ.①刘…　Ⅲ.①互联网络–应用–学校管理–高等职业教育–
教材　②智能技术–应用–学校管理–高等职业教育–教材　Ⅳ.①TP393.4
②TP18　③G47–39

中国版本图书馆 CIP 数据核字（2019）第 125998 号

机械工业出版社（北京市百万庄大街 22 号　邮政编码 100037）
策划编辑：和庆娣　　责任编辑：和庆娣
责任校对：张艳霞　　责任印制：郜　敏
北京玥实印刷有限公司印刷

2019 年 7 月第 1 版·第 1 次印刷
184mm×260mm·12.5 印张·309 千字
0001–2500 册
标准书号：ISBN 978-7-111-63074-6
定价：39.00 元

电话服务　　　　　　　　　　网络服务
客服电话：010-88361066　　　机 工 官 网：www.cmpbook.com
　　　　　010-88379833　　　机 工 官 博：weibo.com/cmp1952
　　　　　010-68326294　　　金 书 网：www.golden-book.com
封底无防伪标均为盗版　　机工教育服务网：www.cmpedu.com

出版说明

《国务院关于加快发展现代职业教育的决定》指出：到 2020 年，形成适应发展需求、产教深度融合、中职高职衔接、职业教育与普通教育相互沟通，体现终身教育理念，具有中国特色、世界水平的现代职业教育体系，推进人才培养模式创新，坚持校企合作、工学结合，强化教学、学习、实训相融合的教育教学活动，推行项目教学、案例教学、工作过程导向教学等教学模式，引导社会力量参与教学过程，共同开发课程和教材等教育资源。机械工业出版社组织全国 60 余所职业院校（其中大部分是示范性院校和骨干院校）的骨干教师共同策划、编写并出版的"全国高等职业教育规划教材"系列丛书，已历经十余年的积淀和发展，今后将更加结合国家职业教育文件精神，致力于建设符合现代职业教育教学需求的教材体系，打造充分适应现代职业教育教学模式的、体现工学结合特点的新型精品化教材。

"全国高等职业教育规划教材"涵盖计算机、电子和机电 3 个专业，目前在销教材 300 余种，其中"十五""十一五""十二五"累计获奖教材 60 余种，更有 4 种获得国家级精品教材。该系列教材依托于高职高专计算机、电子和机电 3 个专业编委会，充分体现职业院校教学改革和课程改革的需要，其内容和质量颇受授课教师的认可。

在系列教材策划和编写的过程中，主编院校通过编委会平台充分调研相关院校的专业课程体系，认真讨论课程教学大纲，积极听取相关专家意见，并融合教学中的实践经验，吸收职业教育改革成果，寻求企业合作，针对不同的课程性质采取差异化的编写策略。其中，核心基础课程的教材在保持扎实的理论基础的同时，增加实训和习题以及相关的多媒体配套资源；实践性较强的课程则强调理论与实训紧密结合，采用理实一体的编写模式；涉及实用技术的课程则在教材中引入了最新的知识、技术、工艺和方法，同时重视企业参与，吸纳来自企业的真实案例。此外，根据实际教学的需要对部分课程进行了整合和优化。

归纳起来，本系列教材具有以下特点。

1）围绕培养学生的职业技能这条主线来设计教材的结构、内容和形式。

2）合理安排基础知识和实践知识的比例。基础知识以"必需、够用"为度，强调专业技术应用能力的训练，适当增加实训环节。

3）符合高职学生的学习特点和认知规律。对基本理论和方法的论述容易理解、清晰简洁，多用图表来表达信息；增加相关技术在生产中的应用实例，引导学生主动学习。

4）教材内容紧随技术和经济的发展而更新，及时将新知识、新技术、新工艺和新案例等引入教材。同时注重吸收最新的教学理念，并积极支持新专业的教材建设。

5）注重立体化教材建设。通过主教材、电子教案、配套素材、实训指导和习题及解答等教学资源的有机结合，提高教学服务水平，为高素质技能型人才的培养创造良好的条件。

由于我国高等职业教育改革和发展的速度很快，加之我们的水平和经验有限，因此在教材的编写和出版过程中难免出现问题和疏漏。恳请使用这套教材的师生及时向我们反馈质量信息，以利于我们今后不断提高教材的出版质量，为广大师生提供更多、更适用的教材。

机械工业出版社

前　言

近年来，以互联网、云计算、大数据、物联网、人工智能为特征的信息技术快速发展，也给教育行业带来革命性的影响，特别是智慧校园建设将提升当前教学、管理、服务的质量水平，为教育行业带来新的突破。

所谓"智慧校园"，是以互联网为基础，融合了物联网、移动互联、大数据以及云计算等前沿技术，将校园资源与应用系统进行整合，强调对教学、科研、校园生活和管理的数据采集及智能处理，为管理者和各个角色按需提供智能化的数据分析、教学和学习的智能化服务环境，它应该包含智慧环境、智慧学习、智慧服务、智慧管理等内容。

"智慧校园"是实现教育信息化2.0的重要组成部分，也是衡量教育现代化程度的重要标志。"智慧校园"的建设，需要从服务出发，以用户为中心，以需求为目标，实现个性化的功能，用技术让校园焕发"智慧"。

为了更好地推动我国智慧校园的建设，帮助高职学生加深对智慧校园的硬件设施与软件平台的了解，编者根据现有的国家标准、教育行业标准以及各地方标准，参照智慧校园建设的实例，编写了《物联网技术应用——智慧校园》一书。

本书以标准规范为依据，确保教材科学性；以实际案例为蓝本，处处突出实用性；以实践经验为基础，保证内容可读性。

本书由刘修文任主编，负责全书的大纲制定和编写，安婷、李彦任副主编，负责提供实例资料及编写。参加本书编写的还有易国胜、颜爱华、王忠章、张志兵、胡艺雄。

本书在编写过程中，得到了长沙音之圣通信科技有限公司的技术支持，在这里向提供技术资料的单位和技术人员表示衷心的感谢！

鉴于智慧校园建设涉及面广，各类学校的实际需求不一，加上智慧校园的关键技术又在日新月异地发展，以及作者水平有限，书中难免存在疏漏与不足，恳请专家和广大读者不吝赐教。

编　者

目 录

第1章　智慧校园概述

本章要点

- 熟悉智慧校园建设背景
- 了解智慧校园定义，熟悉智慧校园的特征
- 熟悉智慧校园的功能
- 熟悉智慧校园总体架构
- 掌握智慧校园关键技术

1.1　智慧校园建设背景

随着互联网时代的开启，"互联网+教育"逐渐成为当前教育改革与实践中的高频词。"互联网+教育"的跨界融合，将对环境、课程、教学、学习、评价、管理、教师发展和学校组织等教育主流业务产生系统性的变革影响，传统模式下学生的培养目标与方式也将被改变。

1.1.1　校园信息化发展

2018年4月13日，教育部制定并印发了《教育信息化2.0行动计划》（教技〔2018〕6号）（以下简称《计划》）。《计划》提出："新时代赋予了教育信息化新的使命，也必然带动教育信息化从1.0时代进入2.0时代。"《计划》明确了基本目标："通过实施教育信息化2.0行动计划，到2022年基本实现'三全两高一大'的发展目标，即教学应用覆盖全体教师、学习应用覆盖全体适龄学生、数字校园建设覆盖全体学校，信息化应用水平和师生信息素养普遍提高，建成'互联网+教育'大平台，推动从教育专用资源向教育大资源转变、从提升师生信息技术应用能力向全面提升其信息素养转变、从融合应用向创新发展转变，努力构建'互联网+'条件下的人才培养新模式、发展基于互联网的教育服务新模式、探索信息时代教育治理新模式。"

如果教育信息化1.0时代关注的是物，那么信息化2.0时代则更关注人；1.0时代关注量变，2.0时代则关注质变；从关注环境和资源向关注模式和生态转变，如图1-1所示。当下人工智能技术的兴起，2.0时代的基础底层架构也将从"互联网+教育"走向"人工智能+教育"。

随着互联网技术的发展，越来越多的新技术如井喷一般涌现，比如云计算、大数据、无线互联、物联网等，社会的各行各业都在和"互联网+"相关联。20世纪90年代提出的"数字校园"技术已经远不能满足目前的发展形势，学校信息化迫切需要从"数字校园"向"智慧校园"转型。智慧校园的发展阶段如图1-2所示。

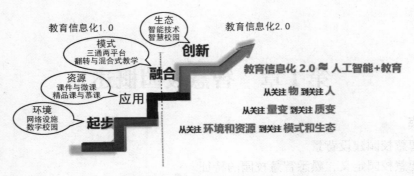

图 1-1　教育信息化从 1.0 时代进入 2.0 时代示意图

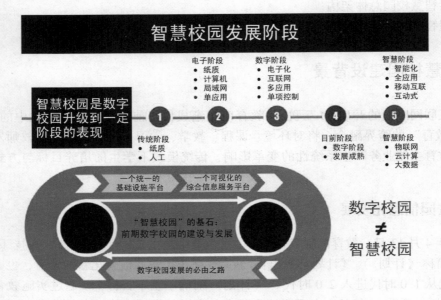

图 1-2　智慧校园的发展阶段

1.1.2　人工智能时代的来临

人工智能在教育中的典型应用主要集中在智能导师辅助个性化教与学、教育机器人等智能助手、居家学习的儿童伙伴、实时跟踪与反馈的智能测评、教育数据的挖掘与智能化分析、学习分析与学习者数字肖像六大方向，已经表现出巨大的应用潜力。学校作为教育活动的重要组织场所之一，人工智能将为其管理与服务带来变革性的影响，主要表现在维护校园安全、辅助教师教学、变革学习范式以及优化学校管理 4 方面。

1）维护校园安全。计算机视觉与机器人技术的发展使得人工智能维护校园安全成为可能，其将在人脸识别、消防安全预警、活动事故防护 3 方面发挥重要作用。

2）辅助教师教学。随着图像识别、语音识别、自然语言处理等技术的发展，越来越多的人工智能技术被应用于教育领域，成为教师教学的得力助手。例如教育机器人和智能作业测评工具的出现，大大减轻了教师的负担，提高了教师教学的效率。

3）变革学习范式。人工智能技术的发展使自适应学习系统得以真正为教育所用，为学习所用，使现有的学习范式走向自适应学习。自适应学习系统在本质上是一类支持个性化学习的在线学习环境。它可以针对个体在学习过程中的差异性（因人、因时），为个体而提供适合个体特征的学习支持，包括个性化的学习资源、学习过程和学习策略等。

4）优化学校管理。人工智能的融入将使未来学校的管理工作更加高效，使学校更好地服务于教师的教学与学习者的学习，在考务管理、教师管理、学生管理3方面发挥重要作用。

由此可见，人工智能将对教育产生革命性影响，将为教育界与产业界更加广泛的跨界合作提供发展空间。我国将在推进教育信息化的过程中，进一步推动人工智能在教与学、教育管理、教育服务过程中的融合应用，利用智能技术支撑人才培养模式的创新，支撑教学方法的改革，支撑教育治理能力的提升。我国将把教育信息化作为推进教育现代化的强大动力和教育制度变革的内生要素，推动实施教育信息化2.0行动计划。

1.1.3 智能教育的兴起

随着智能化高新技术的发展，智能化渗透到各个领域。智能教育的发展将智能化带进课堂，促进教育事业走向高端，结合高新技术开启新兴教育之路。

借助智能教育设备等平台，云智能教学将教育相关的资源提上云端，根据学习者的接受能力数据，智能地为学习者分配最适比例的课外任务，在一定程度上增加了学习者的接受度，降低了学习负担。同时，云智能教学结合远程教育还可以随时联网开启远程课堂。

随着物联网、云计算和新一代移动网络技术等兴起和快速发展，教育信息化建设开始从数字技术进入智能化时代，智能教育已成为教育信息化发展的新趋势。

2017年7月8日，国务院印发了《新一代人工智能发展规划》（国发〔2017〕35号），第三部分"重点任务"第三点提出要"围绕教育、医疗、养老等迫切民生需求，加快人工智能创新应用，为公众提供个性化、多元化、高品质服务"。

在智能教育方面，要"利用智能技术加快推动人才培养模式、教学方法改革，构建包含智能学习、交互式学习的新型教育体系。开展智能校园建设，推动人工智能在教学、管理、资源建设等全流程应用。开发立体综合教学场、基于大数据智能的在线学习教育平台。开发智能教育助理，建立智能、快速、全面的教育分析系统。建立以学习者为中心的教育环境，提供精准推送的教育服务，实现日常教育和终身教育定制化"。

1.1.4 国家政策大力推进智慧校园建设

2015年1月，教育部印发了《职业院校数字校园建设规范》，该规范分为引言、总体要求、师生发展、数字资源、应用服务、基础设施和附录7部分。

2018年6月7日，GB/T 36342—2018《智慧校园总体框架》由国家标准化委员会发布，于2019年1月1日起正式实施。本书中的智慧校园总体架构就是引自该标准。GB/T 36342—2018从智慧教学环境、智慧教学资源、智慧校园管理、智慧校园服务、信息安全体系等多维度，系统性地对智慧校园软硬件标准进行了规范，能够有效促进智慧校园建设质量的提升，标志着智慧校园建设进程又迈上了一个新台阶，在教育信息化领域迈出了坚实一步，将极大促进智慧教育行业的发展。

1.2 什么是智慧校园

1.2.1 智慧校园的定义

由于智慧校园概念刚刚出现不久，随着对其认识的日益深刻，其内涵也在不断地发展、完善，所以目前人们对于智慧校园的定义有以下几种。

1. 定义1

GB/T 36342—2018《智慧校园总体框架》对智慧校园的定义："物理空间和信息空间的有机衔接，使任何人、任何时间、任何地点都能便捷地获取资源和服务。注：智慧校园是数字校园的进一步发展和提升，是教育信息化的更高级形态。"

2. 定义2

江苏省地方标准DB32/T 3160—2016《高等学校智慧校园建设与应用规范》对智慧校园的定义："是数字校园发展的高级阶段，是通过云计算、物联网、大数据等新一代信息技术与学校人才培养工作的深度融合，促进学校管理、服务通过智慧化转型升级的新理念和新模式。"

3. 定义3

重庆市教育委员会印发的《重庆市智慧校园建设基本指南（试行）》对智慧校园的定义："是教育信息化的更高级形态，是数字校园的进一步发展和提升。它综合运用智能感知、物联网、移动互联、云计算、大数据、社交网络、虚拟现实等新一代信息技术，感知校园物理环境，识别师生群体的学习、工作情景和个体特征，将学校物理空间和信息空间有机衔接，为师生建立智能开放的教育教学环境和便利舒适的工作生活环境，提供以人为本的个性化创新服务。"

4. 定义4

全国信息技术标准化技术委员会教育技术分技术委员会的教育行业标准项目已立项，项目编号为CELTS—201604，拟定的标准《高等学校智慧校园技术参考模型》（WD2.0草稿）对智慧校园的定义："是教育信息化的高级形态，是数字校园的进一步深化和提升，它综合运用云计算、物联网、移动互联、大数据、人工智能、社交网络、知识管理、虚拟现实等新兴信息技术，全面感知校园物理环境，智能识别师生群体的学习、工作情景和个体特征，在网络空间建立校园虚拟映像，将学校物理空间和数字空间有机衔接，通过在网络空间的计算掌握校园运行规律并反馈、控制物理空间，为师生建立智能开放的教育教学环境和便利舒适的生活环境，改变师生与学校资源、环境的交互方式，开展以人为本的个性化创新服务，实现学校智慧运行，支撑学校开展智慧教育。"

5. 定义5

物联网技术专家更注重智慧校园的智能感知功能，认为智慧校园是基于物联网和云计算技术的数字校园，通过物联网传感器实现对物理校园的全面感知，利用云计算对感知的信息进行智能处理与分析，实现校园内任何人、任何物、任何信息载体、任何时间、任何地点的互联互通，从而给广大师生提供智能化的教育教学信息服务和管理。

6. 定义6

教育技术学专家更注重智慧学习环境与智慧课堂等教学方式的改革，认为智慧校园是基于新型通信网络技术所构建的资源共享、智能灵活的教育教学环境，旨在利用计算机技术、网络技术、通信技术对学校与教学、科研、管理和生活服务有关的所有信息资源进行全面的数字化，并用科学规范的管理对这些信息资源进行整合和集成，构成统一的用户管理、统一的资源管理和统一的权限控制，把学校建设成既面向校园，也面向社会的一个超越时间和空间的虚拟校园。

综合上述各种定义，可以认为，智慧校园是以物联网技术、云计算技术等为基础，以向师生提供个性化服务为理念，以各种应用服务系统为载体而构建的集教学、科研、管理和校园生活于一体的新型智慧化的工作、学习和生活环境，旨在利用先进的信息技术手段，实现基于数字环境的应用体系，使得人们能快速、准确地获取校园中人、财、物和学、研、管业务过程中的信息；同时通过综合数据分析为管理改进和业务流程再造提供数据支持，推动学校进行制度创新、管理创新，最终实现教育信息化、决策科学化和管理规范化；通过应用服务集成与融合来实现校园的信息获取、信息共享和信息服务，从而推进智慧化的教学、智慧化的科研、智慧化的管理、智慧化的生活及智慧化的服务的实现进程。

1.2.2　智慧校园的特征

智慧校园有以下特征。

1. 物理环境全面感知

智慧校园能对校园物理环境全面感知，它利用各种智能感应技术，包括光线、方位、影像、温度、湿度、位置、红外、压力、辐射、触摸及重力等技术实时获取各种监测信息。全面感知包括两方面，一是传感器可以随时随地感知、捕获和传递有关人、设备、资源的信息；二是对学习者个体特征（学习偏好、认知特征、注意状态、学习风格等）和学习情景（学习时间、学习空间、学习伙伴、学习活动等）的智能识别、捕获和传递。此外，智慧校园还具备对现实中人、物、环境等因素特征、习惯的感知能力，并能依据建立的模型智能地预测一般规律与发展趋势。

2. 网络无缝互联互通

智慧校园支持所有软件系统和硬件设备的连接，信息传递与交互的主体由单一的人延伸到了"物"，通过移动互联网和物联网将所有相关的人员、设备、信息管理等互相联系起来，实现人与人、人与物、物与物之间方便、快捷、流畅地全面互联、互通、互动。信息感知后可迅速、实时地传递，这是所有用户按照全新的方式协作学习、协同工作的基础，灵活、敏捷、开放、扁平化的网络环境，为用户提供高可靠性、高稳定性的网络服务。信息服务无盲区，在园区内的每一个角落，包括办公室、课堂、宿舍、餐厅等都能随时随地地访问互联网，使用各种信息服务。同时，智慧校园以高速多业务网络体系支持各类信息的实时传递，最大限度地消除了时空限制。

3. 智慧资源共生共享

随着云计算与大数据等新技术的广泛应用，智慧资源共生共享是智慧校园资源建设的核心，学习资源的建设、共享、管理和使用是智慧校园的核心基础。智慧校园为学习者提供完善的网络平台，作为知识存储、分类与分享手段，帮助创建各种资料和信息，实现资源的整合、分享和创新。通过智慧校园知识管理的知识系统，使整个资源库中的信息与知识通过创造、分享、整合、挖掘、分析等过程，不断地反馈到资源系统内，形成学校智慧循环，推动学校资源创新。

依据"大数据"理念的数据挖掘和建模技术，智慧校园可以在"海量"校园数据的基础上构建数据挖掘模型，建立合理的分析和预测方法，对信息进行趋势分析、展望和预测；同时，智慧校园可综合各方面的数据、信息、规则等内容，通过智能推理，做出快速反应、主动应对，实现智能化的决策、管理与控制，更多地体现智能、聪慧的特点。

4. 校园内外智慧融合

智慧融合体现在校园内部融合和外部融合两方面。内部融合体现在学校的各项管理和服务业务之中，为师生创造便利舒适的工作、学习、生活环境，提供以人为本的个性化创新服务。针对不同类别的用户提供个性化的功能应用组合，向用户呈现友好的服务界面，提供便捷化、个性化的服务。外部融合是学校与外部社会（如智慧城市）的智慧融合，具体活动包括学校之间的交流互通、学校和企业间的学习借鉴、多种手段的学习培训，通过把握经济社会发展趋势、技术进步发展趋势和教育变革发展趋势，不断优化学校的发展规划，促进学校持续快速发展。

5. 学习环境多维开放

教育的核心是创新能力的培养，校园面临着从"封闭"走向"开放"的诉求。智慧校园可以构建开放的、多维度的学习与科研空间，具备支持多模式、跨时空、跨情境的学习与科研环境，支持拓展资源环境，让学生打破纸质教材的限制；支持拓展时间环境，让学习从课上拓展到课下；支持拓展空间环境，让有效学习在真实情境和虚拟情境中均得以发生。

1.2.3 智慧校园与数字校园的区别

在物联网技术、云计算技术发展的推动下，智慧校园作为数字校园升级到一定阶段的表现，是一个高度融合信息技术、深度整合信息化应用、广泛感知信息终端的网络化、信息化和智能化校园。

数字校园是以数字化信息和网络为基础，基于计算机和网络技术建立的对教学、科研、管理、服务等校园信息进行收集、处理、整合、存储、传输和应用，使数字资源得到充分优化利用的一种虚拟教育环境，通过实现从环境（包括设备、教室等）、资源（如图书、讲义、课件等）到应用（包括教、学、管理、服务、办公等）的全部数字化，在传统校园基础上构建一个数字空间，以拓展校园的时间和空间维度，提升传统校园的运行效率，扩展传统校园的业务功能，最终实现教育过程的全面信息化，从而达到提高教学、管理水平和效率的目的。

数字校园呈现的是形态、数据和结果，智慧校园更强调的是校园内所有人、物、资源之间交互的过程监督和动态管理，从而实现智能监督、评测、互动、提醒和预防的更具智慧的管理模式。智慧校园与数字校园的本质区别在于，随着信息技术与学校业务的不断融合，学校的物理校园与虚拟校园将融为一体。为了实现学校校园物理空间与数字空间的融合，需要建立智慧校园信息化支撑平台，以大数据为核心，以智能感知为神经末梢，以移动互联为神经网络，依托智慧型应用，为用户提供自适应、个性化的交互，实现对学校各项业务智慧运行的支持。

数字校园是智慧校园的基础，对智慧校园起基础支撑作用，只有在数字校园的基础上进行智慧化建设，才有可能建成为智慧校园。数字校园是智慧校园的必备条件，但远不是充分条件。

智慧校园与数字校园的区别如表 1-1 所示。

表 1-1　智慧校园与数字校园的区别

类　　别	数　字　校　园	智　慧　校　园
建立基础	建立在互联网之上的校园网	以互联网为基础，以云计算为核心，建立在物联网之上的校园网
互动方式	人与人之间的互联	人与人、人与校园、人与物、物与物之间的互联互通
解决目标	针对校园数字化的基础硬件与应用建设	针对校园管理和教学应用的软硬件与应用建设
系统关系	应用系统单独建设，系统间是独立不互通的"信息孤岛"	应用系统互联互通，用户身份统一认证，信息数据智能推送
关键技术	互联网	物联网、云计算、大数据分析、虚拟化
教学资源	资源形式单一、共享性差、教学方式单一	资源形式多样、多种教学应用结合、个性化教学
学科研究	仅进行项目申报管理	科学研究可用数据广泛，分析手段丰富；科研管理精细，成果检索方便
校园安全	校园安全人为判断，容易疏漏	校园安防智能监控，门禁自动识别控制，主动预警
信息传递	信息传递方式单一	统一通信、形式多样、操作便捷

1.2.4　智慧校园的智慧所在

多位从事智慧校园研究的专家、学者以及从事智慧教育的工作者认为，智慧校园的智慧在于创新智慧、开放智慧、融通智慧和智能智慧等方面。

1. 智慧校园的创新智慧

智慧校园的创新智慧体现在两方面，一方面是智慧校园将支撑与服务于教育方式、教育模式、教育流程的创新、重构、再造；另一方面是智慧校园支撑与服务于创新创造人才培养。离开这两个"支撑与服务"创新，所建设的一定不是智慧校园。两个"支撑与服务"创新是智慧校园的大方向，是智慧校园的最大智慧所在，是智慧校园与数字校园的分水岭。

2. 智慧校园的开放智慧

智慧校园的开放智慧体现在 3 方面。

1）智慧校园要支持学校形态走向开放。支持学校间走向你中有我、我中有你，开放融合，共生共荣，优势互补。想方设法开放引用校外企业、研究机构、重点实验室等优秀人才，把行业科研骨干力量的智慧引入学校。

2）智慧校园要支持教师走向开放。使教师借助网络平台将课程以及其他形式的优质教学资源由为学校所有转变为全球共享。改变教师的封闭管理状态，支持教师借助网络走向世界。

3）智慧校园要支持学分开放。如果学习者只固守具体学校的学分，学校就无法走向形态开放，推行学分互认的准入制度，设置准入门槛，实行开放课程的学分认证，让学位证书发放学校具有学分的许可权限，把好学分的质量关。

3. 智慧校园的融通智慧

智慧校园的融通是"融会贯通"之意。融合远不止是整合，整合是物理反应，融合是化学反应。智慧校园的融通智慧主要体现在3方面。

1）智慧校园支持实现虚实校园高度融合。比如让实体校园的学术报告在网络上同步进行；开展竞赛活动时，线上线下同时进行；在实体课堂上研习问题时，可随时随地调看个人网络学习空间和优质资源平台上的内容；学生在学习中遇到问题时，可与同学、教师面对面地交流或随时通过网络交流。通过诸如此类的融合，可为师生提供优质的服务，让师生运用最恰当的方式、手段、资源、环境进行教与学。

2）智慧校园支持实现师生内外脑融合教与学。内外脑融合教与学是一个全新的议题，智慧校园在规划与建设中为师生内外脑融合教与学提供条件、方法、评价等支持。比如，为师生提供网络学习空间，让其能够构建优质的学习资源库、教学信息库、高质量的信息交流平台，让人们能够借助网络分担记忆，大脑只要更多地记忆核心内容以及内容的所有、所为即可。

3）智慧校园支持实现师生跨学科融通。跨学科融通的思想体现在量智与性智的结合、科学与艺术的结合、逻辑思维与形象思维的结合、思维整体观与系统观的结合。

4. 智慧校园的智能智慧

信息技术支持的智能和人类的智慧具有本质性差异，"物智能，人智慧"，智能化的物能够解放人，使人走向更大的智慧，智慧校园应充分挖掘智能以增进人的智慧。智慧校园可从4方面设计以智能支撑人的智慧。

1）智能化推送教学实况。智慧校园一方面要将教师教学面向全球开放，另一方面又要采取智能的方式推送教育实况信息，让学习者能安排合适的时间选择优质资源进行实况学习，让精彩课一堂也不错过。

2）智能进化数字资源。随着信息技术的飞速发展，应用网络数字资源学习越来越成为人们学习的常态，因为利用网络数字资源学习有许多优势，其中一个优势缘于数字教育资源的更新周期短，能够保持"鲜活"。

3）智能化分析学习轨迹，在于智能化提取、归纳、批改、判别、呈现全体学习者的学习大数据，并要在评价的智能化方面着力，实现科学的发展性评价，通过评价促进学习者的发展。

4）智能化管理。学校管理涉及许多方面，通过智能化管理可以减员增效，尤其要实现人事、教学、科研、后勤等信息的共享共用。

1.3 智慧校园的功能

智慧校园的功能主要包括智慧教学、智慧学习、校园安防、校园文化、校务管理和校园生活服务6方面，如图1-3所示。

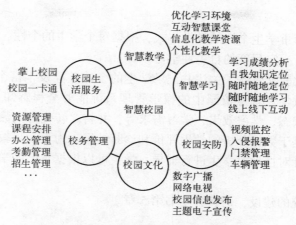

图 1-3　智慧校园功能示意图

1.3.1　智慧教学

智慧教学是智慧校园的首要功能，它一般包括优化学习环境、互动智慧课堂、信息化教学资源和个性化教学。

1. 优化学习环境

优化学习环境是从事智慧教学的基础，是提高教学水平和质量的重要因素。现代社会是信息社会，信息社会要求学校的教学环境信息化，要培养学生的信息素养，使学生熟练掌握信息工具的使用。因此学校应具有多媒体教室、智慧教室、智慧实验室等基础设施。

2. 互动智慧课堂

随着信息技术的发展，新的教育技术手段不断涌现，教学模式也在不断发生变化，逐渐从单纯的知识传授向素质培养方面转变，从教师的宣讲向教与学的互动方面转变。

课堂教学环节是学生接受系统教育最重要的一环，做好教学互动环节，是掌握好教学内容、提高教学水平的关键。现行的教学过程中，传统的签到环节、疑问确认环节、提问互动环节、课堂小测试环节存在诸多问题，已经不适应现代化教学的需要。基于"云"技术，集智慧教学、课堂互动、人员考勤、视频监控及远程控制于一体的新型现代化智慧教室系统在逐步地推广运用，智慧课堂作为一种新型的教育形式和现代化教学手段，综合解决了教育教学过程当中遇到的问题，增强了师生互动能力，提升了综合教学质量。

3. 信息化教学资源

信息化教学资源是指经过数字化处理或者经过再加工和制作的，能在网络上传播的，适合师生教学的有用信息的集合，包括学习材料、学习工具和交流工具等。

根据《教育资源建设技术规范》，信息化教学资源主要包括媒体素材、试题库、试卷素材、课件与网络课件、案例、文献资料、常见问题解答、资源目录索引和网络课程 9 类。在智慧校园建设过程中，信息化教学资源通常是指电子课件或课程、教师课堂授课视频、数据化图书、数字网站及其他能用于教学或学习的网络资源。信息化教学资源对于信息化环境的教学，培养学生发现问题、解决问题的能力，对于充分利用时间进行泛在学习、全面掌握所学内容以及培养学生的创造性等方面，都发挥着积极作用。

4. 个性化教学

个性化教学就是尊重学生个性的教学方式，根据每个学生的个性、兴趣、特长、需要进行施教，使学生能进行一定程度的自主性学习。

智慧校园的个性化教学具备了关注并记录学生的个体差异及丰富个性体验的技术基础，完全能够做到个性化教学。智慧校园中的教学管理系统能够全程感知并记录学生的学习时间、学习情境、学习状态、学习效果、学习需求等，并将之转化为大数据进行分析处理，据此为学生和教师提供基于数据分析的学生评价和诊断结果，为下一步教学安排提供依据和方向，教师据此可以有针对性地对学生进行辅导，学生可以根据自己的学习状况进行针对性的补充练习。

有关智慧教学系统的建设，请参看本书第 5 章。

1.3.2　智慧学习

智慧学习与传统学习不同，它是基于信息化、全球化和协同创新与知识融合的全新的学习方法，是从传统学习到"互联网+学习"的过程，是智慧校园的主要功能之一。它包括内部自我知识的识别定位、外部核心问题的识别定位、内外互动产生知识优化和进比，最后才是解决问题、收集意见反馈并进行改进。在此过程中，人的知识水平呈螺旋式上升，同时问题得到持续优化解决。

人工智能时代，各种各样的信息遍布在人们的周围，让人们应接不暇。从传播学的观点来看，学习是外部信息经过媒介进入大脑的一个过程。在这个知识剧增的时代，世界上一天产生的知识就足够我们学习一生。虽然很多人有很好的学习能力，掌握了现代信息媒介符号，可以用现代化的媒体工具进行学习。随着智能终端（如笔记本电脑、智能手机等）的普及和广泛运用，让学习可以随时随地开展，逐步泛在化。突破实际空间限制，个体与群组可以突破交流协作方式，实现线上线下互动，学习讨论课上课下结合、现实空间和网络虚拟空间结合，构建开放的、多维度的学习与科研空间，具备支持多模式、跨时空、跨情境的学习科研环境。

1.3.3　校园安防

校园安防以保障学生和教职员工的人身安全为重点，是智慧校园的重要功能之一。它采用光纤、无线等传输网络，运用计算机、图像、物联网等技术，实时、形象、真实地对校园进行视频监控和电子巡查。校园安防系统一般包括视频监控、入侵报警、门禁管理、车辆管理和安防综合监管平台 5 部分，如图 1-4 所示。

1. 视频监控

视频监控宜采用先进的高清智能监控技术，对校园进行全方位、全天候的全面监控，最大限度地减少各种安全隐患。为了进一步加强对学校的安全防护，宜将学校分为出入口、周界、通道和道路、大型活动区域、重点部位和安保部门共 6 个区域进行视频监控。

监控点宜安装的重点位置包括校区各路（门）口、重点路段、重要场所（如食堂、广场、体育场馆、文体中心、图书馆及医院等）、教学楼、实验室及周边、行政办公楼、危险品及贵重物品仓库等地段、场所、隘口等。

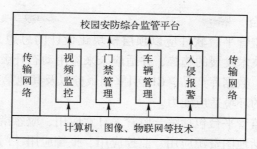

图 1-4　智慧校园安防系统示意图

2. 门禁管理

门禁管理以门禁业务为核心，帮助学校在人力防范的基础上，对重要场所进行全面管理。智慧校园门禁管理主要包括校园的门禁管理、人员通道管理、师生考勤管理和日常访客管理 4 个子系统。

门禁管理的基本功能是对校园内各区域（如办公室、教室、宿舍、实验室、设备机房等）重要部位的通行门以及主要的通道口进行出入监视和控制。

门禁管理采用非接触式智能卡方式。系统可以采用多种门禁方式，对使用者进行多级控制。

1）所有进出控制区域的人员均需刷卡认证后方可通行，系统可以有效防止未授卡人员随意进入受控区域，确保内部安全及学生休息、学习不被打扰。同时可有效控制人员通行秩序，使得出入口通行井然有序，方便人员出入管理。

2）在学校行政楼各主要出入口或各楼层通道及教室门口，可以采用门禁读卡器或者独立设置考勤机进行考勤。

3）前台人员通过扫描终端对到访人员的身份证件进行登记，如果信息合法，可将分配好的"权限组"授予卡片。

3. 车辆管理

车辆管理宜采用车辆识别和智能分析技术，实现对校园内车辆的统一监控与管理。智慧校园车辆管理一般主要由车辆出入口控制、校园微卡口、校园内违停检测以及校园内停车场系统组成。

微卡口（安视宝）即微卡口摄像机，是相对于传统的电子警察、卡口系统而言的，它同样具备车牌识别、车牌抓拍的功能。不同之处在于，微卡口集成了实时视频监控和车牌识别抓拍功能，既可以作为视频监控，又可以抓拍车辆。它在安装时不需要配备专业的补光系统，尤其是晚上，可以靠自身的低照度处理和图像处理能力完成车牌的辨识和抓拍；在安装时也不用破坏路面，主要依靠视频图像分析来完成车牌识别和抓拍。

4. 入侵报警

入侵报警依托于校园安防综合监管平台，支持多种报警类型，包括报警探测器报警、报警箱（柱）报警、智能分析事件报警等。

入侵报警系统可对诸多事件进行响应预案联动配置，当事件发生时，可进行预案联动，使每一种事件都能得到合适的处理，让系统具有更强的自动化性能，并对报警事件快速做出反应，将损失减小到最低程度。

5. 安防综合监管平台

智慧校园安防综合监管平台软件应以顶层模块化设计的思想，组织应用系统的内部结构，确保系统符合信息技术发展的趋势，并适应未来应用动态升级的需要。系统应支持主流操作系统、Web 中间件、数据库产品、GIS 引擎和服务以及其他第三方标准中间产品的开发和运行环境，具有很强的环境适应能力。

智慧校园安防综合监管平台包括综合监管、日常应用、应急指挥和运维管理 4 大应用模块。其中，综合监管包括地图资源应用、监控应用、报警应用、门禁应用、车辆应用及案情管理；日常应用包括人员管理、户籍管理、通讯录管理、值排班管理、安防资产管理。应急指挥包括应急文档、应急资源、应急预案；运维管理包括视频网管和日志管理。

1.3.4 校园文化

校园文化是一种特殊的社会文化，是智慧校园的又一个重要功能，它是以建设有中国特色的社会主义文化为根基，以学校文化活动为主体，由全校师生员工共同创建，以良好的校风和校园精神为标志，充满时代气息和校园特点的人文氛围。

校园文化是学校在长期教育教学实践中积累形成的，师生员工集体认同并共同遵循的价值观念、行为准则以及承载这些价值观的活动形式和物质形态；是全面贯彻教育方针，促进学校内涵发展，推进社会主义核心价值体系建设的主要载体；是深化素质教育、培养造就创新人才的主要途径。

随着数字标牌及信息发布软件技术的不断发展，智慧校园的信息发布系统让学校摆脱了手写、印刷、张贴等传统宣传形式，基于液晶显示屏构成传播网络，用电子宣传的方式让校园宣传更多样化，更具吸引力，并且管理更系统化，更高效便捷。这种全面替代单向传播的双向互动宣传，助力校园文化建设信息化与智慧化。

智慧校园文化一般由硬件设备及软件系统构成，主要包括校园内网络、数字广播、网络电视、交互智能平板显示屏、数字标牌、校园信息发布系统、主题互动展示软件及主题电子签名软件等。学校架构内、外部网络以及服务器提供外部和内部的网络基础服务；作为展示端的交互智能平板与数字标牌通过校园网络与控制台相连，信息发布系统服务器提供集群控制及信息发布功能；专业场景应用软件与终端硬件结合，实现互动展示功能。

有关智慧校园文化建设的更多介绍请参看第 6 章。

1.3.5 校务管理

校务管理是学校管理者通过合理的组织形式和运行方式，充分发挥学校人、财、物、时诸因素的最佳功能，以实现学校教育目标的活动。智慧校园的校务管理功能主要体现在用信息化工具（即云计算、大数据等新技术）来优化学校资源配置，可以提高学校行政和组织效率，对教育教学进行预测和规划，促进管理方法的科学化和管理模式的智慧化，进而形成新的管理模型，提高学校管理工作的水平。

校务管理涉及教务、教研、科研、人事、学生管理、资产及财务等方面。建立智慧校园校务管理平台，是教育现代化发展的必然趋势，是智慧校园建设的重要任务。校务管理平台应以学生、教师、学校 3 个基础库为出发点，关注学生的成长和教师的专业发展，注重学生和教师的长远发展。通过学生的学籍、成绩等信息建立学生的基础库；通过收集整理教师的基本信息，综合教师日常教学、科研等各种方式，建立起教师的基础信息库。依托基础库数据，应用科学的分析统计方法和理念，准确分析出学生的学习状况，帮助学生及时发现学习的薄弱环节。同时能掌握教师的教学、科研等情况，促进教师提高专业水平。此外，平台还可以满足学校排课、选课、考务等教务管理、办公事务管理、诊断与辅助、备课管理、资源管理、电子文档管理、科研管理、教师研修、考勤管理、收费管理、校产管理、宿舍管理、实验室管理、体卫管理、招生管理、流程管理、德育管理及图书管理等需求，覆盖范围广，实用性强。更多有关智慧校园管理平台的建设请参看本书第4章。

在智慧校园建设的过程中，学校逐步从以业务为导向的建设模式转向以服务为导向的建设模式，未来还将转向以用户体验为导向的建设模式。智慧校园建设得好不好，最终的判断依据是师生对学校建设的产品满不满意，能够满足师生的使用需求与体验，是智慧校园建设的责任与目标。现阶段的智慧校园建设更多向应用的深度、广度去扩展，智慧校园建设应当始终坚持"极简"和"应用创新"的理念，融入师生的教学、生活，解决师生的实际问题。

1.3.6 校园生活服务

校园生活服务是智慧校园教育教学、管理功能之外的另一个重要功能，包括校园内的食、住、行、用等。智慧校园的这一功能主要通过掌上校园和校园一卡通来实现。

1. 掌上校园

掌上校园是依托移动互联网和智能终端，提供校园信息查阅、业务办理、交流沟通等应用服务的 App，由移动管理平台和客户端两部分组成。掌上校园不仅仅是为了把计算机上的应用在智能终端上实现，更是为了方便师生的校内外生活、提升用户体验。

通过移动管理平台对数据的集成、应用的管理和用户的权限设置，用户通过账户登录可以自定义自己的快捷应用，不同角色的用户能够访问权限内的应用；系统可以自动推送重要的通知及各应用系统的提示信息。

教师可以查看考勤信息、奖惩信息、考评信息、工资、个人报账信息、日程安排、邮件提醒、学籍信息、财务信息及健康情况，可以进行公文处理、移动 OA 办公等。

学生可以通过在线咨询功能进行提问，与老师进行互动；或者查询校园卡余额、消费明细、查询宿舍、水电费缴纳情况、卫生检查结果等；或者查询自己的学分、课程表、成绩、考试安排、论文、辅修课程、空闲教室；或者进行教学评估等。

2. 校园一卡通

校园一卡通是指学校所有师生员工每人持有的一张校园卡，这张校园卡取代以前的各种证、卡（包括学生证、工作证、借书证、考试证、上机证、医疗证、出入证、就餐卡及公交卡等）全部或部分功能。师生员工可只凭这校园卡在学校各处出入、办事、活动和消费，并可与银行卡实现自助圈存，最终实现"一卡在手，走遍校园"，同时带动学校各单位、各部门信息化、规范化管理的进程。此种管理模式代替了传统的消费管理模式，为学校的管理带来了高效、方便与安全。一卡通系统是智慧校园建设的重要组成部分，既实现了对师生员工的日常生活和校园消费收费的管理服务，又为教学、科研和后勤服务提供了重要信息，是为校园信息化提供信息采集的基础工程之一，具有学校管理决策支持系统的部分功能。

1.4 智慧校园的总体架构

智慧校园的总体架构宜采用云计算架构进行部署，如图 1-5 所示，分为基础设施层、支撑平台层、应用平台层、应用终端和信息安全体系等。

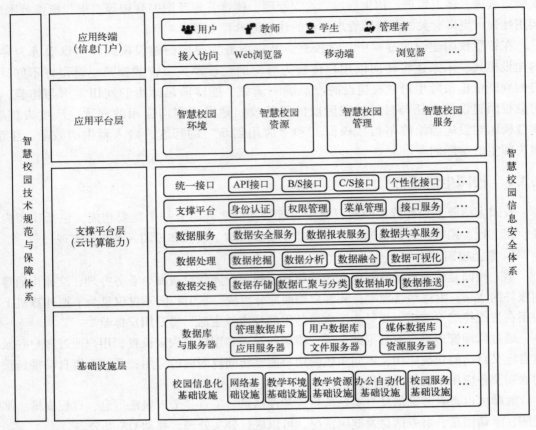

图 1-5 智慧校园的总体架构图

1.4.1 基础设施层

基础设施层是智慧校园的基础设施保障，提供异构通信网络、广泛的物联感知和海量数据汇集存储功能，为智慧校园的各种应用提供基础支持，为数据挖掘和分析提供数据支撑，包括校园信息化基础设施、数据库与服务器等。其中，校园信息化基础设施包括网络基础设施、教学环境基础设施、教学资源基础设施、办公自动化基础设施和校园服务基础设施等；数据库与服务器是智慧校园海量数据汇集存储系统，配置管理数据库、用户数据库、媒体数据库等以及与之相对应的应用服务器、文件服务器、资源服务器等。

1.4.2 支撑平台层

支撑平台层是体现智慧校园云计算及其服务能力的核心层，为智慧校园的各类应用服务提供驱动和支撑，包括数据交换、数据处理、数据服务、支撑平台和统一接口等功能单元。其中，数据交换单元在基础设施层数据库与服务器的基础上扩展已有的应用，包括数据存储、数据汇聚与分类、数据抽取和数据推送等功能模块；数据处理单元包括数据挖掘、数据分析、数据融合和数据可视化等功能模块；数据服务单元包括数据安全服务、数据报表服务和数据共享服务等功能模块；支撑平台单元包括身份认证、权限管理、菜单管理和接口服务等功能模块；统一接口单元是智慧校园实现安全性、开放性、可管理性和可移植性的中间件，包括 API 接口、B/S 接口、C/S 接口和个性化接口等。

1.4.3 应用平台层

应用平台层是智慧校园应用与服务的内容体现，在支撑平台层的基础上，构建智慧校园的环境、资源、管理和服务等应用，为师生员工及社会公众提供泛在的服务，包括智慧教学环境、智慧教学资源、智慧校园管理和智慧校园服务 4 大部分。智慧教学环境、智慧教学资源、智慧校园管理和智慧校园服务的总体架构均可以独立部署，具体要求请参看国家标准 GB/T 36342—2018《智慧校园总体框架》。

1.4.4 应用终端

应用终端是接入访问的信息门户，访问者通过统一认证的平台门户，以各种浏览器及移动终端安全访问平台，随时随地共享平台服务和资源，包括用户和接入访问两个方面。其中，用户指教师、学生、管理者和社会公众等用户群体，用户可以通过计算机网页浏览器或移动终端系统接入访问平台，以获取资源和服务。

1.4.5 信息安全体系

信息安全体系是贯穿智慧校园总体框架多个层面的安全保障系统，包括系统安全和安全等级两个方面。其中，系统安全包括物理安全、网络安全、主机安全、应用安全和数据安全，更多相关内容可参看第 3 章 3.6.2 节的介绍。智慧校园安全体系应不低于 GB/T 22240—2008《信息安全技术　信息系统安全等级保护定级指南》规定的三级要求。

1.5　智慧校园关键技术

智慧校园涉及的技术非常多，比如云计算、大数据、物联网、移动互联、智能感知与视频监控等。智慧校园的技术体系架构框图如图 1-6 所示。

1.5.1 智能感知技术

智能感知技术是与物联网类似的感知技术，主要应用在教学与科研场景。智能感知技术通过主动感知学习者、科研人员所处的学习科研环境的特征，建立和识别其所处的学习科研的模式和类型，智能地适配并提供各类教学科研资源。智能感知是一个复杂的跨学科技术，它包括射频识别（RFID）、红外感应、视频监控、全球定位、激光扫描等技术。

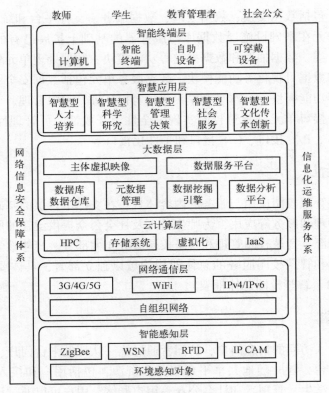

图1-6 智慧校园的技术体系架构框图

1. RFID 技术

RFID 技术利用射频信号通过空间耦合（交变磁场或电磁场）实现无接触信息传递，并通过所传递的信息达到自动识别的目的。RFID 最早出现在 20 世纪 80 年代，与其他技术相比，RFID 明显的优点是电子标签和阅读器无须接触便可完成识别。它的出现改变了条形码依靠"有形"的一维或二维几何图案提供信息的方式，其通过芯片来提供存储在其中的数量巨大的"无形"信息。由于 RFID 技术起步较晚，至今仍没有制定出统一的国际标准。RFID 技术的推出绝不仅仅意味着信息容量的提升，它对于计算机自动识别技术来讲是一场革命，其所具有的强大优势会极大地提高信息的处理效率和准确度。

RFID 技术的基本工作原理并不复杂，具体为：标签进入磁场后，接收阅读器发出的射频信号，凭借感应电流所获得的能量发送存储在芯片中的产品信息，或者由标签主动发送某一频率的信号，阅读器读取信息并解码后送至中央信息系统进行有关数据处理。

一个典型的 RFID 应用系统由电子标签、阅读器和服务器 3 部分组成，典型的 RFID 应用系统构成如图 1-7 所示。

2. ZigBee 技术

ZigBee 技术是一种近距离、低功耗、低速率、低成本的双向无线通信技术，主要用于距离短、功耗低且传输速率不高的各种电子设备之间，完成数据传输以及典型的有周期性数据、间歇性数据和低反应时间数据传输，因此非常适用于家电和小型电子设备的无线控制指令传输。

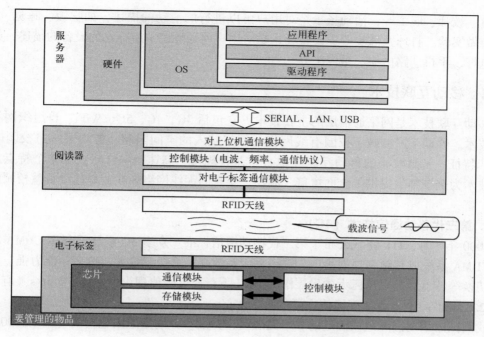

图 1-7　RFID 应用系统的基本组成

ZigBee 技术采用直接序列扩频（DSSS）技术，使用的频段分为 2.4 GHz（全球）、868 MHz（欧洲）和 915 MHz（美国），而且均为免费频段。通信距离从标准的 75 m 到几百米、几千米，并且支持无限扩展。

3. WSN

无线传感器网络（WSN）是由大规模、自组织、多跳、动态性的传感器节点所构成的无线网络。传感器节点实时监测、感知和采集当前区域内的目标参数（光照度、移动人体、温度、湿度、烟雾、噪声以及毒气浓度等），并交由核心处理器（MCU）进行逻辑判断与智能分析，最终将分析结果进行存储记录、液晶显示或上传至后台服务器，目前已经广泛应用于智能交通、现代农业、医疗护理、工业监控、环境监测、军事等领域。更多详细介绍请参看第 2 章有关内容。

4. IP CAM

IP CAM 就是网络摄像机，它内置一个嵌入式芯片，采用嵌入式实时操作系统。网络摄像机是传统摄像机与网络视频技术相结合的新一代产品，只要插上以太网线和电源，就能通过网络发布视频信息。

5. 环境感知的对象

智慧校园作为师生学习、生活、工作与科研的主要活动场所，在校园环境下，场景信息可以是用户当前的时间、所处的地点、所在的环境、正在进行的活动等。在智慧校园里，环境感知的对象主要分为时间场景、位置场景、用户场景、活动场景以及设备场景 5 大类。

时间场景是对用户所处时间的描述，如学期、月份、周、工作日、休息日、白天及夜晚等；位置场景是对用户所在地点的描述，如校园、食堂、宿舍、教室、图书馆、实验室、操场及花园等；用户场景是对用户个人信息的描述，在校园环境下主要是对用户身份的描述，如学生、教师、职工等；活动场景是对用户可以进行的活动的描述，如吃饭、睡觉、上课、看书、做实验、打球及散步等；设备场景是对用户周围环境中所存在的设备的描述，如计算机、电灯、手机、路由器、摄像头等。

1.5.2 移动互联技术

移动互联技术是网络通信层的主要技术，它包括 3G、4G、5G、WiFi、自组织网等移动接入技术。移动互联突破了校园有线网络对网络接入的空间限制，体现了智慧校园的"开放化"特征。智慧校园的移动互联环境必须兼具规模、高速、融合、扩展 4 个特点。移动互联技术为全校师生提供了全面覆盖、流畅、安全的无线网络环境，是建设智慧校园的基础技术。

1. 第三代移动通信技术（3G）

2000 年 5 月，ITU 正式公布了第三代移动通信标准。众多 3G 系统都利用 CDMA 相关技术，CDMA 系统以其频率规划简单、频率复用系数高、系统容量大、抗多径能力强、软容量及软切换等特点，显示出巨大的发展潜力。3G 下行速度峰值理论可达 3.6 Mbit/s（有一种说法是 2.8 Mbit/s），上行速度峰值也可达 384 kbit/s。

我国国内采用国际电联确定的 3 个无线接口标准，分别是中国电信的 CDMA2000、中国联通的 W-CDMA、中国移动的 TD-SCDMA。

2. 第四代移动通信技术（4G）

4G 技术包括 TD-LTE 和 FDD-LTE 两种制式。4G 集 3G 与 WLAN 于一体，并能够快速高质量传输数据、音频、视频和图像等。

第四代移动通信系统传输速率可达到 20 Mbit/s，最高甚至可以达到 100 Mbit/s，相当于 3G 传输速度的 50 倍，同时，4G 也考虑与已有 3G 系统的兼容性。

3. 第五代移动通信技术（5G）

5G 也是 4G 之后的延伸，4G 时代的终端以智能设备为主，而在 5G 时代，绝大多数消费产品、工业品、物流等都可以与网络连接，海量"物体"将实现无线联网。5G 物联网还将与云计算和大数据技术结合，使整个社会充分物联化和智能化。

因此，除了手机之外，业界为 5G 划分出了 3 个主要的服务领域，即增强型移动宽带、关键业务型服务和海量物联网。

在性能方面，5G 将实现更大的带宽、更低的时延以及更多的网络连接。要同时实现这些突破，5G 将成为一个超级复杂的通信系统，对连接技术有着极高的要求。

未来的 5G 网络将需要支持更多样的场景、更广泛的应用、更多的频段和更先进的技术。比如，5G 将同时使用更多的频段，以全面满足增强型移动宽带、关键业务型服务和海量物联网的需求。其中，1 GHz 以下的频率拥有更远的覆盖距离，面向海量物联网；1 GHz 至 6 GHz 的频率支持更大的带宽，面向增强型移动宽带和关键业务型服务；6 GHz 以上的频率（如毫米波）可以实现极致带宽，面向更短程的极致移动宽带。

4. WiFi 技术

无线保真（Wireless Fidelity, WiFi）俗称无线宽带，是无线局域网（WLAN）中的一个标准（IEEE 802.11b）。随着技术的发展以及 IEEE 802.11a 及 IEEE 802.11g 等标准的出现，现在 IEEE 802.11 这个标准已被统称为 WiFi。

WiFi 技术与蓝牙技术一样，同属于在办公室和家庭中使用的短距离无线通信技术。使用的是 2.4 GHz 附近的频段，该频段是无须申请的 ISM 无线频段。同蓝牙技术相比，它具备更高的传输速率和更远的传播距离，已经广泛应用于笔记本电脑、智能手机、汽车等设备中。

WiFi 是以太网的一种无线扩展，理论上，只要用户位于一个接入点四周的一定区域内，就能以最高约 11Mbit/s 的速度接入全球广域网（Web）。但实际上，如果有多个用户同时通过一个点接入，带宽将被多个用户分享。WiFi 的连接速度一般将只有几百 kbit/s 信号不受墙壁阻隔，在建筑物内的有效传输距离小于户外。

WiFi 技术未来最具潜力的应用将主要在家居办公（SoHo）、家庭无线网络以及不便安装电缆的建筑物或场所。目前通过有线网络外接一个无线路由器，就可以把有线信号转换成 WiFi 信号。

5. 自组织网络

自组织网络是由许多带有无线收发装置的通信终端（也称为节点、站点）构成的一种多跳的临时性自组织的自治系统。每个移动终端兼具主机和路由器两种功能。作为主机，终端需要运行面向用户的应用程序；作为路由器，终端需要运行相应的路由协议，可以通过无线连接构成任意的网络拓扑。这种网络可以独立工作，也可以与 Internet 或蜂窝无线网络连接。在后一种情况下，自组织网络通常是以末端子网的形式接入现有网络。考虑到带宽和功率的限制，自组织网络一般不适合作为中间承载网络。它只允许产生目的地是网络内部节点的信息进出，而不让其他信息穿越本网络，从而大大减少了与现有 Internet 互操作的路由开销。

在自组织网络中，节点间的路由通常由多个网段组成，由于终端的无线传输范围有限，两个无法直接通信的终端节点往往通过多个中间节点的转发来实现通信。所以，自组织网络又被称为多跳无线网、无固定设施的网络。自组织网络同时具备移动通信和计算机网络的特点，可以看作是一种特殊的移动计算机通信网络。

6. IPv4/IPv6

目前数据在 Internet 上传输所采用的协议族是 TCP/IP 协议族。IP 是 TCP/IP 协议族中的网络层协议，是 TCP/IP 协议族的核心协议。目前 IP 协议的版本号是 4（简称 IPv4），发展至今已经使用了 30 多年。IPv4 的地址位数为 32 位，也就是最多有 2^{32} 台计算机可以联到 Internet 上。近十年来，由于互联网的蓬勃发展，IP 地址的需求量越来越大，使得 IP 地址的发放越趋严格。根据中国互联网络信息中心的最新数据，我国有 7.51 亿互联网用户但仅有 3.38 亿 IPv4 地址，人均 0.45 个 IP 地址，这无法满足我国互联网的发展需要。

IPv6 是下一版本的互联网协议，也可以说是下一代互联网的协议，它的提出最初是因为随着互联网的迅速发展，IPv4 定义的有限地址空间将被耗尽，地址空间的不足必将妨碍互联网的进一步发展。为了扩大地址空间，拟通过 IPv6 重新定义地址空间，IPv6 采用 128 位地址长度，几乎可以不受限制地提供地址。按保守方法估算，IPv6 实际可分配的地址平均到整个地球的每平方米面积上，仍可分配 1000 多个地址。在 IPv6 的设计过程中，除了解决了地址短缺问题以外，还考虑了在 IPv4 中解决不好的其他问题，主要有端到端 IP 连接、服务质量（QoS）、安全性、多播、移动性及即插即用等。

1.5.3 云计算技术

智慧校园综合采用虚拟化、分布式计算、高性能计算等计算技术，集中存储、分布式存储等存储技术，实现高效、透明、可靠的基础设施云服务，为智慧校园的大数据处理和智慧应用提供普适、随需的计算和存储支撑。

1. 云计算的概念

云计算（Cloud Computing）是由分布式计算（Distributed Computing）、并行处理（Parallel Computing）、网格计算（Grid Computing）发展来的，是一种新兴的商业计算模型。目前，对于云计算的认识在不断发展变化，云计算仍没有普遍一致的定义。

中国网格计算、云计算专家刘鹏给出定义："云计算将计算任务分布在大量计算机构成的资源池上，使各种应用系统能够根据需要获取计算力、存储空间和各种软件服务"。

云计算可理解为一种分布式计算技术，是通过计算机网络将庞大的计算处理程序自动分拆成无数个较小的子程序，再交由多部服务器所组成的庞大系统经搜寻、计算分析之后，将计算处理结果回传给用户。通过该技术，网络计算服务提供者可以在数秒之内完成处理数以千万计甚至亿计的信息，实现与"超级计算机"同样强大效能的网络计算服务，工作模式示意图如图 1-8 所示。

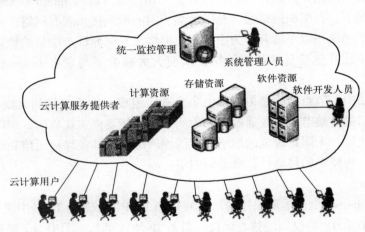

图 1-8　云计算工作模式示意图

云计算技术的特点是规模巨大、虚拟化高、可靠性强、价格低廉等，因此，运用云计算能够为人们提供更好的基础设施支持。

2. 云计算主要服务形式

云服务是基于互联网的相关服务的增加、使用和交付模式，通常是通过互联网来提供动态、易扩展且经常是虚拟化的资源。云服务指通过网络以按需、易扩展的方式获得服务，这种服务可以是 IT 和软件、互联网相关，也可是其他服务。它意味着计算能力也可作为一种商品通过互联网进行流通。

云服务足够智能，能够根据位置、时间、偏好等信息，实时地对需求做出预期。在这一全新的模式下，信息的搜索将会是"为你而做"，而不再是"由你来做"。无论采用哪种设备，无论需要哪种按需服务，都将得到一个一致且连贯的终极体验。

云服务包含基础设施即服务（IaaS）、平台即服务（PaaS）和软件即服务（SaaS）3 个层次。

（1）IaaS

IaaS 即把厂商由多台服务器组成的"云端"基础设施作为计量服务提供给用户。它将内存、I/O 设备、存储和计算能力整合成一个虚拟的资源池，为整个业界提供所需要的存储资源和虚拟化服务器等服务。这是一种托管型硬件方式，用户付费使用厂商的硬件设施。例如 Amazon Web 服务（AWS）、IBM 的 BlueCloud 等均是将基础设施作为服务出租。

IaaS 的优点是用户只需低成本硬件，按需租用相应的计算能力和存储能力，大大降低了用户在硬件上的开销。

（2）PaaS

PaaS 把开发环境作为一种服务来提供。这是一种分布式平台服务，厂商提供开发环境、服务器平台、硬件资源等服务给用户，用户在其平台基础上定制开发自己的应用程序，并通过其服务器和互联网传递给其他用户。云平台直接的使用者是开发人员，而不是普通用户，它为开发者提供了稳定的开发环境。

（3）SaaS

SaaS 提供商将应用软件统一部署在自己的服务器上，用户根据需求通过互联网向厂商订购应用软件服务，服务提供商根据用户所定软件的数量、时间的长短等因素收费，并且通过浏览器向用户提供软件。这种服务模式的优势是，由服务提供商维护和管理软件，提供软件运行的硬件设施，用户只需拥有能够接入互联网的终端，即可随时随地使用软件。这种模式下，用户不用再像传统模式那样花费大量资金在硬件、软件、维护人员，只需要支出一定的租赁服务费用，通过互联网就可以享受到相应的硬件、软件和维护服务，这是网络应用最具效益的营运模式。对于小型企业来说，SaaS 是采用先进技术的最好途径。

3. 云计算平台

云计算平台简称云平台，由搭载了云平台服务器端软件的云服务器、搭载了云平台客户端软件的云计算机以及网络组件所构成，用于提高低配置或老旧计算机的综合性能，使其达到现有流行速度的效果。这种平台允许开发者或是将写好的程序放在"云"里运行，或是使用"云"里提供的服务，或二者皆是。

1.5.4 大数据技术

1. 大数据的定义与特征

大数据（Big Data）是指无法在一定时间范围内用常规软件工具进行捕捉、管理和处理的数据集合，是需要新处理模式才能具有更强的决策力、洞察发现力和流程优化能力的海量、高增长率和多样化的信息资产。

业界通常用 5 个 V 来概括大数据的特征，即：容量（Volume，数据的大小决定所考虑的数据的价值的和潜在的信息）、种类（Variety，数据类型的多样性）、速度（Velocity，指获得数据的速度）、可变性（Variability，妨碍了处理和有效地管理数据的过程）、真实性（Veracity，数据的质量）。

从技术上看，大数据与云计算的关系就像一枚硬币的正反面一样密不可分。大数据必然无法用单台的计算机进行处理，必须采用分布式架构。它的特色在于对海量数据进行分布式数据挖掘。但它必须依托云计算的分布式处理、分布式数据库和云存储、虚拟化技术。

大数据分析处理架构图如图1-9所示。

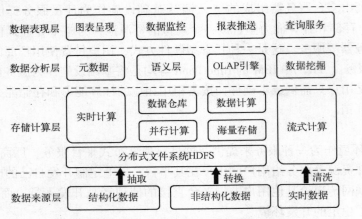

图1-9 大数据分析处理架构图

2. 大数据与智慧校园

一方面，智慧校园将成为大数据的重要来源之一。在智慧校园建设过程中，越来越多的设备与环境将被配备连续监测周围情况的传感器，传感器能将感知到的信息转换为源源不断的监测数据，其数据量将是各种传统应用所无法企及的。

另一方面，大数据也将为智慧校园的建设提供强有力的保障。在已有海量实时数据的基础上，建立与应用相关的科学模型，使用数据挖掘和分析工具，利用功能强大的运算系统进行处理和计算，整合和分析跨多个维度（地域、行业、时间等）的信息，将极大推进智慧校园的智能化。

1.5.5 物联网技术

物联网是一种复杂、多样的系统技术，它将感知、传输和应用3项技术结合在一起，是一种全新的信息获取和处理技术。因此，从物联网技术体系结构角度解读物联网，可以将支持物联网的技术分为感知技术、传输技术、支撑技术和应用技术4个层次。

1. 感知技术

感知技术是指能够用于物联网底层感知信息的技术，它包括RFID技术、传感器技术、无线传感器网络技术、遥感技术、GPS定位技术、多媒体信息采集与处理技术及二维码技术等。

2. 传输技术

传输技术是指能够汇聚感知数据，并实现物联网数据传输的技术，它包括互联网技术、地面无线传输技术、卫星通信技术以及短距离无线通信技术等。

3. 支撑技术

支撑技术是物联网应用层的分支，它是指用于物联网数据处理和利用的技术，包括云计算技术、嵌入式技术、人工智能技术、数据库与数据挖掘技术、分布式并行计算和多媒体与虚拟现实等。

4. 应用技术

应用技术是指用于直接支持物联网应用系统运行的技术。包括物联网信息共享交互平台技术、物联网数据存储技术以及各种行业物联网应用系统。应用层主要根据行业特点，借助互联网技术手段，开发各类行业应用解决方案，将物联网的优势与行业的生产经营、信息化管理、组织调度结合起来，形成各类物联网解决方案，构建智能化的行业应用。

社会网络技术提供了师生在虚拟环境中的活动情况等数据，搭建了一个互相交流的平台，所以为大家提供更好的服务，实现管理标准化。

1.5.6 视频监控技术

视频监控具有悠久的历史，在传统上广泛应用于安防领域，是协助公共安全部门打击犯罪、维持社会安定的重要手段。随着宽带的普及、计算机技术的发展、图像处理技术的提高，视频监控技术正越来越广泛地渗透到教育、政府、娱乐、医疗、酒店及运动等领域。总体来说，视频监控技术呈现数字化、网络化、集成化、智能化的发展趋势。

视频监控技术中又有4大关键技术，即图像传感器技术、流媒体技术、红外热成像技术与智能视频监控技术。视频监控中所提到的智能视频技术主要是指"自动分析和抽取视频源中的关键信息"，如果把摄像机看作人的眼睛，智能视频系统或设备则可以看作人的大脑。

1.6 实训1 参观附近的智慧校园或观看智慧校园视频

1. 实训目的

（1）了解智慧校园的主要功能。

（2）熟悉智慧校园的体系架构。

（3）掌握智慧校园的关键技术。

2. 实训场地

参观附近学校的智慧校园。

3. 实训步骤与内容

（1）提前与附近学校的智慧校园联系，做好参观准备。

（2）分小组轮流进行参观。

（3）由教师或智慧校园有关人员为学生讲解。

4. 实训报告

写出实训报告，包括参观收获、发现的问题及提出好的建议。

1.7 思考题

（1）智慧校园建设背景是什么？

（2）什么是智慧校园？什么是数字校园？两者有何区别？

（3）智慧校园的主要功能有哪些？

（4）智慧校园的总体架构分为哪几层？

（5）智慧校园的关键技术有哪些？

第2章 智慧校园网络建设与升级

本章要点

- 熟悉校园网络的建设目标
- 了解校园网络的定义，熟悉校园网络的功能
- 熟悉智慧校园的功能
- 熟悉智慧校园的体系架构
- 掌握光纤宽带网相关技术
- 熟悉校园无线局域网的主要设备
- 熟悉网络管理与网络安全的含义及功能

2.1 校园网络的建设目标

校园网络的建设目标是建设一个实用、高速、运行稳定可靠且安全可控的校园网络，为学校的资源共享、教育教学、实验操作、技能训练、学校管理和网络文化生活等校园信息化应用和服务提供满足服务质量要求的网络支撑环境。

2.1.1 什么是校园网络

校园网络一般分为有线网络和无线网络。校园有线网络采用先进的建筑综合布线，构成安全、可靠、便捷的覆盖全校的计算机信息传输网络，将学校的各种计算机工作站、终端设备和局域网连接起来，并与有关广域网相连。校园无线网络就是通过无线局域网技术建立的无线通信网络，使校园的每个角落都处在无线网络中，形成全覆盖的校园网络。校园网络的建设必须考虑为学校教学、教育科研服务，利用成熟、领先的计算机网络技术，为学校提供优质的网络化教学环境。因此，校园网络应当是宽带、具有交互功能和专业性较强的计算机局域网络。

2.1.2 校园网络的功能

校园网络除了必备的硬件设备和操作系统平台外，还可以利用全面的校园网络管理软件、网络教学软件，实现学校多媒体教学资源、教师备课系统、电子图书阅览检索、多媒体教学软件开发平台、校园网站和教学资源网站建设等功能，是为学校提供教学、管理和决策3个不同层次所需要的数据、信息和知识的一个覆盖全校管理机构和教学机构的基于物联网技术的大型网络系统。校园网络还应具有教务、行政、总务管理功能，可以进行课程管理、学生成绩与学籍管理、图书资料管理等教学教务管理，也可以进行档案管理等行政事务管理，总务后勤管理包括财务管理、设备管理等。

校园网络的功能主要有以下几点。

1. 所有计算机互联

连接所有教学楼、图书馆、教师办公楼和学生宿舍中的计算机。这是校园网络最基本的功能之一，用来实现计算机与计算机之间传递各种信息，对分散在校园内不同地点的计算机进行集中的控制管理。在校务部门建立网络服务器，可以为整个校园网络提供各类教学资源，并对这些资源进行综合管理。

2. 丰富的网络服务

提供丰富的网络服务，实现广泛的软件、硬件资源共享，如网上冲浪、电子邮件、文件传输、远程登录、存储数据及论坛讨论等。

信息资源共享，通过接入 DDN 或 ISDN，很容易将校园网络连接到 Internet，这样网络内的各计算机终端不但可以互通信息资源，而且可以享受网络服务器上的相关数据及 Internet 上的信息资源，校园网络在教学活动中的作用也将成倍地增强硬件资源共享。网络中各台计算机可以彼此互为后备机，一旦某台计算机出现故障，它的任务就由网络中其他计算机代而为之；当网络中的某台计算机负担过重时，网络又可将新的任务转交给网络中较空闲的计算机完成。

3. 形声并茂的教学

网络资源可以提高教学质量，方便教学。传统的教学手段已经不能够满足时代进步的需要，依靠信息技术可以把教科书中的内容变得生动、形象，从互联网可以找到教学资源，并可应用到教学中。利用网络可以进行图、文、声并茂的多媒体教学，可以取代语言实验室进行更生动的语言教学，也可以利用已有的教学软件创建一个良好的教学环境。校园网络不但可以在校内进行网络教学，还可以同外界大型网络互联，形成更大范围的网络交互学习环境。这样的教学方式可以大大提高学生的学习兴趣，教学效果好，提高教师教学质量。

2.1.3 校园网络的建设原则

校园网络建设宜采用先进成熟的技术和设计思想，运用先进的集成技术路线，以先进、实用、开放、安全、使用方便和易于操作为原则，突出系统功能的实用性。

1. 先进性

计算机技术的发展十分迅速，更新换代周期越来越短。所以，选购设备要充分注意先进性，选择硬件要预测到未来发展方向，把握不准方向则可能导致在很短的时间内技术落伍，可能面临被淘汰的危险。选择软件要考虑开放性、工具性和软件集成优势。网络设计要考虑通信发展要求，因此应采用国际先进成熟的网络技术和设备，适合未来的发展，做到一次规划长期受益。

2. 实用性

从能够完全满足现实需求的角度出发，充分发挥各种计算机和网络设备的实用性，使建设的系统适用、安全、可靠且易管理、维护和扩展，具有最高的性价比。在实用的基础上追求先进性，使系统便于联网，实现信息资源共享，易于维护管理，具有广泛兼容性。同时为适应我国实际情况，设备应具有使用灵活、操作方便的汉字、图形处理功能。

3. 开放性及可扩充性

选择的联网方案及设备要能适应网络规划不断扩大的要求，以便于将来设备的扩充；要能适应信息技术不断发展的要求，以便平稳地向未来新技术过渡。

系统规模及档次要易于扩展，可以适应工程的变化，灵活地进行软件版本的更新和升级。

4. 可靠性

校园网络系统设计除应采用信誉好、质量高的设备外，还应采用一系列容错、冗余技术，提高整个系统的可靠性。

5. 安全性

校园网络安全性包括两个方面，一是网络用户级的安全性；二是数据传输级的安全性。

网络用户级的安全性应在网络的操作系统中予以考虑，数据传输的安全性必须在网络传输时解决。目前，校园网络都与外部网络互联互通，都直接或间接与国际互联网连接，因此，在系统方案设计时需考虑到系统的可靠性、信息安全性和保密性的要求。

6. 高性价比

校园网络建设不要一味追求最新，要考虑当前实际需要，选择合理的设备搭配，达到良好的性能价格比。

7. 可扩展性

校园网络作为一个不断增长的网络，它的可扩展性原则要求尤为突出。网络的扩展包括网络规模的扩展、应用内容的扩展和网络传输容量的扩展。此外，网络的灵活性也是校园网络的突出特点，体现在连接方便、设置和管理简单、使用和维护方便。

2.2　光纤宽带网

光纤是宽带网络多种传输媒介中最理想的一种，它的特点包括传输容量大、传输质量好、损耗小、中继距离长等。光纤传输使用的是波分复用，即把小区里的多个用户的数据利用 PON 技术汇接成为高速信号，然后调制成不同波长的光信号在一根光纤里传输。

光纤接入网已由原来的光纤到路边（FTTC）、光纤到小区（FTTZ）、光纤到大楼（FTTB）、光纤到办公室（FTTO）发展到光纤到户（FTTH）。

光纤宽带网是先把要传送的数据信息由电信号转换为光信号在光纤上传送，然后在用户终端的"光猫"进行信号转换。

2.2.1　网络拓扑结构

校园网络的拓扑结构应采用星形拓扑结构，根据网络用户规模可以采用二层架构（核心层、接入层）或三层架构（核心层、汇聚层、接入层）建设，三层架构示意图如图 2-1 所示。校园网络应提供有线网络和无线网络两种接入方式，使用边界路由设备或其他具有集成功能的设备实现对外连接，例如，图 2-2 所示的某高校的校园网络拓扑结构。

1. 核心层

核心层是网络的高速交换主干，对整个网络的联通起到至关重要的作用。核心层应该具有的特性包括可靠性、高效性、冗余性、容错性、可管理性、适应性及低延时性等。在核心层应

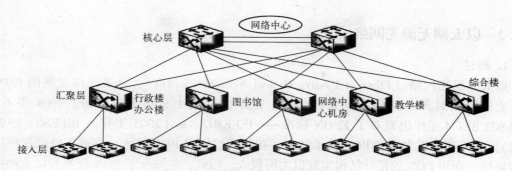

图 2-1　校园网络三层架构示意图

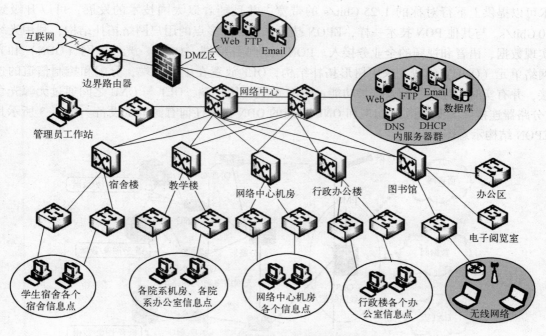

图 2-2　某高校的校园网络拓扑结构

该采用高带宽的千兆以上交换机。因为核心层是网络的枢纽中心，重要性突出，所以设备采用双机冗余热备份是非常必要的，也可以使用负载均衡功能来改善网络性能。

2. 汇聚层

汇聚层是网络接入层和核心层的"中介"，就是在工作站接入核心层前先做汇聚，以减轻核心层设备的负荷。汇聚层具有实施策略、安全、工作组接入、虚拟局域网（VLAN）之间的路由、源地址或目的地址过滤等多种功能。在汇聚层应该选用支持三层交换技术和 VLAN 的交换机，以达到网络隔离和分段的目的。

3. 接入层

接入层向本地网段提供工作站接入功能。在接入层中，减少同一网段的工作站数量，能够向工作组提供更高带宽。接入层可以利用 VLAN 划分等技术隔离网络广播风暴，提高网络效率，为所有终端用户提供一个接入点。

2.2.2 以太网无源光网络

1. 概述

以太无源光网络（Ethernet Passive Optical Network，EPON），是基于以太网的 PON 技术。它采用点到多点结构无源光纤传输，在以太网之上提供多种业务。2004 年 6 月，IEEE802.3EFM 工作组发布了 EPON 标准——IEEE802.3ah（2005 年并入 IEEE802.3-2005 标准）。该标准将以太网和 PON 技术结合，在物理层采用 PON 技术，在数据链路层使用以太网协议，利用 PON 的拓扑结构实现以太网接入。因此，它综合了 PON 技术和以太网技术的优点，如低成本、高带宽、扩展性强、与现有以太网兼容、方便管理等。目前，EPON 技术可以提供上下行对称的 1.25 Gbit/s 的带宽，并且随着以太网技术的发展，可以升级到 10 Gbit/s。与其他 PON 技术一样，EPON 技术采用点到多点的用户网络拓扑结构，利用光纤实现数据、语音和视频的全业务接入。PON 由光线路终端（OLT）、光分配网（ODN）和光网络单元（ONU）组成，采用树形拓扑结构，OLT 放置在中心局端，分配和控制信道的连接，并有实时监控、管理及维护功能；ONU 放置在用户端，OLT 与 ONU 之间通过无源光合/分路器连接。无源是指在 OLT 和 ONU 之间的 ODN 没有任何有源电子设备。图 2-3 所示是 EPON 结构示意图。

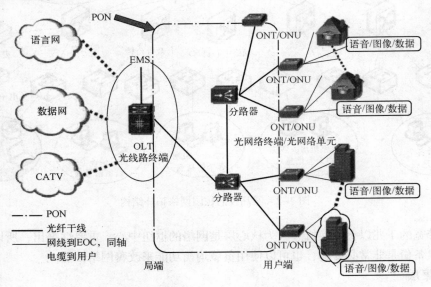

图 2-3 EPON 结构示意图

EPON 在物理层，IEEE 802.3-2005 规定采用单纤波分复用技术（下行 1490 nm，上行 1310 nm）实现单纤双向传输，同时定义了 1000 BASE-PX-10 U/D 和 1000 BASE-PX-20 U/D 两种 PON 光接口，分别支持 10 km 和 20 km 的最大距离传输。在物理编码子层，EPON 系统继承了 Gbit/s 以太网的原有标准，采用 8B/10B 线路编码和标准的上下行对称 1 Gbit/s 数据速率（线路速率为 1.25 Gbit/s）。

在数据链路层，采用多点 MAC 控制协议（MPCP），功能是在一个点到多点的 EPON 系统中实现点到点的仿真，支持点到多点网络中多个 MAC 客户层实体，并支持对额外 MAC 的控制功能。

按照 OND 在光接入网中所处的具体位置不同，可将 EPON 光接入网分为 FTTB、FTTC、FTTH/FTTO 3 种不同的应用类型，如图 2-4 所示。

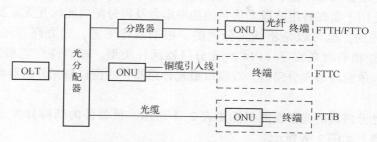

图 2-4　EPON 光接入网的应用类型

2. OLT 设备

OLT 既是一个交换机或路由器，又是一个多业务提供平台，它提供面向无源光纤网络的光纤接口（PON 接口）。OLT 的主要功能如下。

1）与前端（汇聚层）交换机用网线相连，用单根光纤与用户端的分光器互连。

2）实现对用户端设备 ONU 的控制、管理、测距等功能。

3）OLT 设备是光电一体的设备，可将电信号转化成光信号以便传输。

OLT 属于接入网的业务节点侧设备，通过 SNI 接口与相应的业务节点设备相连，主要完成 PON 网络的上行接入和 PON 口通过 ODN 网络（光纤和无源分光器组成）与 ONU 设备相联的功能，一般采用 1:32 或 1:64 组成整个 PON 网络。一般 PON 口通过单根光纤与 ODN 网相连，分光器采用 1:n（n = 2、4、8、16、32、64 等），ONU 下行采用广播方式发送数据，ONU 设备选择性地接收数据。ONU 上行采用共享方式 4。

如图 2-5 所示为华为 MA5680T OLT 设备外形。

图 2-5　华为 MA5680T OLT 设备外形

3. ODN 系列器件

ODN 系列器件包括光总配线架（MODF）、光分路器、免跳接光缆交接箱、光缆接头盒、光缆分纤盒、光缆分光分纤盒、光纤光缆、光纤信息面板及适配器和综合信息箱。

光分路器是用于实现特定波段光信号的功率集合及再分配功能的光无源器件，光分路器可以是均匀分光的，也可以是不均匀分光的。根据制作工艺，光分路器可分为熔融拉锥（FBT）光分路器和平面光波导（PLC）光分路器两种类型。按器件性能覆盖的工作窗口，光分路器可分为单窗口型光分路器、双窗口型光分路器、三窗口型光分路器和全宽带型光分路器。

均匀分光光分路器的光学性能指标如表 2-1 所示。接器件的结构分为盒式光分路器和机架式光分路器，如图 2-6 所示。

表 2-1　均匀分光光分路器光学性能指标

规　　格	1×2	1×4	1×8	1×16	1×32	1×64	1×128
光纤类型	G. 657. A						
工作波长/nm	1260~1650						
最大插入损耗/dB	≤4.1	≤7.4	≤10.5	≤13.8	≤17.1	≤20.4	≤23.7
端口插损均匀性/dB	≤0.8	≤0.8	≤0.8	≤1.0	≤1.5	≤2.0	≤2.0
波耗/分贝　出端截止	≥50	≥50	≥50	≥50	≥50	≥50	≥50
波耗/分贝　出端开路	≥18	≥20	≥22	≥24	≥28	≥28	≥30
方向性/dB	≥55	≥55	≥55	≥55	≥55	≥55	≥55

注：1. 不带插头光分路器的插入损耗在表中要求的基础上减少不小于 0.2 dB，其他指标要求相同。

2. 2×N 均匀分光的光分路器的插入损耗在表中要求的基础上增加不大于 0.3 dB，端口插损均匀性是指同一个输入端口所对应的输出端口间的一致性，其他指标要求相同。

3. 在 1260~1300 nm、1600~1650 nm 波长区间最大插入损耗在表中要求基础上增加 0.3 dB。

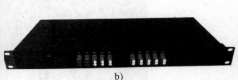

a)　　　　　　　　　　　　　　　　　　　　b)

图 2-6　部分光分路器的外形

a) 盒式光分路器　b) 机架式光分路器

4. ONU 设备

ONU 设备一般安装在用户家中或楼道位置，俗称"光猫"。如 XDK-E8031U-B 型 ONU 产品全面遵循 IEEE 802.3—2005 和中国电信 EPON 设备技术要求 V2.1，具有电信级可运营、可管理、易维护的特点，为桥接型家庭侧设备，通过 EPON 技术实现家庭/SOHO 用户的超宽带接入。其具备一个 PON 上连接口，通过光纤与局端设备连接。ONU 设备结构小巧，支持安置在桌面、壁挂或者安置在楼道信息箱，外形如图 2-7 所示。

图 2-7　XDK-E8031U-B 型 ONU

2.2.3　无源光纤局域网

1. 概述

POL 采用 PON 方案架构，OLT 为汇聚网元，部署在核心机房，从核心机房到用户，中间层采用无源分光器，无须独立机房部署，无须供电。而且，光纤网络可满足未来带宽不断增长的需求，并支持平滑演进，通过光纤可实现包括语音、数据、视频等多种业务。如图 2-8 所示为传统园区与 POL 全光园区方案对比示意。

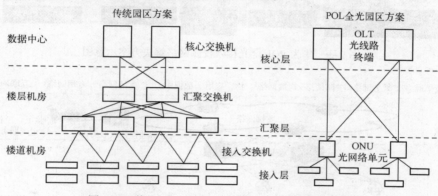

图 2-8　传统园区与 POL 全光园区方案对比示意图

如图 2-9 所示为华为 POL 全光接入校园网络解决方案，华为针对校园的网络建设需求，结合学校人员密度大的特点，将全球领先的接入汇聚一体设备 OLT（MA5680T/MA5608T）部署在核心机房，采用无源 ODN 网络完成光纤到桌面的网络覆盖，不同种类接入终端 ONU 满足用户高速上网、IPTV、VOIP、电视等多种接入需求，可以承载视频监控、一卡通等多种业务，采用支持 POE 供电的 ONU 外接 AP 方案，为师生提供无阻塞的无线上网体验。

图 2-10 所示是中兴通讯把 PON 组网架构和局域网通信网络的各类需求结合起来，推出的一种全新的 POL 校园局域网解决方案组网图。

2. 特点

POL 具有以下特点。

1）可靠性高。由于 POL 网络采用无源光纤技术，汇聚层有源设备数量很少，所以大大减少了故障点，再加上光纤本身对例如电磁干扰、辐射干扰等外界干扰源不敏感，所以 POL 网络的可靠性大大高于传统网络。

2）按需带宽容量大。POL 网络在机房到 ONU/MDU 之间铺设的是光纤而不是网线，每 PON

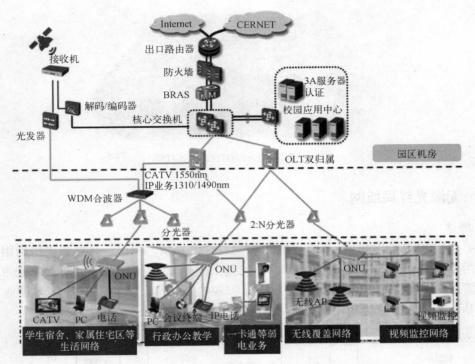

图 2-9　华为 POL 全光接入校园网络解决方案示意图

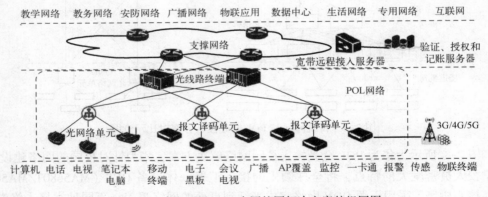

图 2-10　中兴通讯 POL 光网校园解决方案的组网图

口最高可达 10 Gbit/s 带宽，后续可以支持到 40 Gbit/s 甚至 100 Gbit/s 带宽。当有更高带宽需求时，光纤无须更换，只需要更换两端的设备或者光模块，简化了升级步骤，节省了升级成本。

3）节能省地，维护管理方便。POL 方案利用点对多点技术，可以减少 80% 左右的机房。同时，由于无源光网络因减少了用电设备及空调等，可以实现节能高达 60%。POL 网络层级简单，有源设备只有 OLT 和 ONU/MDU 两级，相对于传统的园区方案，减少了网络层级，从而方便维护管理，减少故障点，提高网络可靠性，整个园区网络的运维开支相对可以缩减 60% 以上。

4）一网多业务，减少工程量。POL 网络可在一根光纤上承载所有业务，大大减少了工程量，施工周期缩短约 40%。根据业务需求的不同，ONU/MDU 能提供 RS-232/RS-485 串口、传统电话 POTs 端口、传统电视同轴端口、百/千/万兆以太网端口、HDMI 高清视频端口以及 WiFi、PoE 功能等，一套 POL 网络中可接入多种业务，无须建立多套网络来承载多种业务。同时，一网多业务实现了全网设备统一管理和调度，提高了维护人员的工作效率。

5）施工方便安装易。POL 网络中的 ONU 具备多种型号，支持多种安装场景，例如，有可以安装在天花板上，也可以信息盒的形式安装在墙上。对于教室，则可以安装讲在台下、也可以安装在活动黑板后，以节约布线。同时光纤采用热熔方式，对技术要求低，快速，成功率高。分光器放在弱电间，设备少，布线简单；OLT 放在中心机房，数据配置和管理都在 OLT 上，ONU 远程管理，网管中心只需要维护 OLT 一台设备即可。

6）安全防护机制多。POL 网络使用光纤进行数据传输，在光纤上采用 AES 128 位加密技术、ONU 实时认证技术等措施，使得在 POL 网络上进行数据窃取几乎不可能。POL 设备支持 MAC 绑定、802.1x 认证等，可防止非法用户接入设备，从而杜绝非法用户接入网络的可能。设备支持用户隔离、广播抑制、防 DOS 攻击等功能，可有效防止已接入用户对设备或其他用户的攻击行为。

2.2.4 综合布线技术

综合布线技术是一种信息传输技术，它将所有电话、数据、图文、图像及多媒体设备的布线综合（或组合）在一套标准的布线系统上，实现了多种信息系统的兼容、共用和互换互调性能。综合布线技术是信息传输技术的一种特殊技术，它是在建筑和建筑群环境下的一种信息有线传输技术，在建筑物内或建筑群间传输语音、数据、图像等信息，满足人们在建筑物内的各种信息传输要求。

1. 综合布线系统的设计

校园网络综合布线系统的设计应按《职业院校数字校园建设规范》中"6.2.3 校园网络的设计与实施"的要求，做到以下几点。

1）校园网络综合布线系统应根据校园网拓扑结构进行设计和施工，包括校园弱电管道系统和楼宇综合布线系统等。

2）校园网络弱电管道为校园弱电系统传输线路的基础管道设施，是学校的固定资产，应纳入学校管理。弱电管道系统的设计和施工应符合 GB 50373—2006《通信管道与通信工程设计规范》的相关规定。

3）校园网络室外综合布线不应采用架空布线的方式，综合布线系统的设计和施工应符合 GB 50311—2016《综合布线规范》的相关规定。

2. 楼宇综合布线技术要求

1）信息点的分类要求及数量确定。楼宇信息点分别用于电话、有线网络、无线网络和视频监控，这些信息点的布设位置及数量应按实际需要确定。电话、有线网络、无线网络和视频监控信息点汇聚到弱电房配架后，必须分别设置独立的电缆配架，以实现有效的分类管理。楼宇内每间房间都必须设有信息点，不留空白。一般办公室 2~4 点/10 m²；一般教室 2 点，大型教室 2~4 点；学生宿舍人均 1 点；实验室按不同类型而定，一般 2~4 点/间，用于研究生实习的实验室应为每位研究生配置一个网络端口。

2）布线产品的选用。布线产品应采用市场主流品牌并符合标准的绿色电缆（阻燃、低烟、无卤素或 PVC 阻燃型及 PLENUM 电缆），要求经过 UL、ETL 或 DELTA 等相关认证；面板应采用原厂方形防尘面板，面板、模块的外壳采用阻燃塑料，面板颜色由供货时招标人指定。模块八根接触金针表面镀金，镀金厚度不低于 50 μm，最低插拔次数不低于 750 次；铜缆跳线采用通用 8 位模块化的原厂跳线。跳线、模块、线缆、配线架统一采用超五类或六类原厂产品。光纤配线架采用 FC、SC 或 LC 光纤耦合器，配原厂商光纤跳线。必须提供所有接插件、铜缆、光缆的 UL 或国内权威机构测试合格文件。

3）所有线缆应按设计图样一次敷设到位，除设计的分支配线，中间不得有任何形式的接续。需要分支配线时，应在分支位置配置分线盒。所有线缆应敷设在桥架、线槽或线管内，线缆的敷设应平直，不得产生扭绞、打圈等现象，不应受到外力的挤压和损伤。线缆的端接应采用专门的线耳固定，不得拧绞、焊接。

4）敷设多条线缆的位置应用扎线带绑扎，扎线带应保持相应间距，线缆扎线带的绑扎不能太紧，以免影响线缆的使用。所有电缆或其芯线均应按照交流相位、直流极性配色，配色方法应一致，便于识别。

5）在交换机和电缆配架之间应采用铜缆跳线完成弱电端口和交换机端口的连接，线缆的排列应避免交叉，布放长度应有冗余。光缆配件之间或交换机和光缆配架之间光缆尾纤的预留长度为 2～5 m。有特殊要求的应按设计要求预留长度。

6）所有线缆在进入设备机柜前必须放置于线槽、线管内，应排列整齐，并绑扎在机柜内的布线槽内，不得外露。线缆的敷设不得影响机柜门的开启或关闭以及设备的更换。光缆尾纤在进入接入设备端口前必须使用软（硬）套管。

7）所有线缆必须设置标签，线缆的两端及中途可人为接触的地方须设置标签，标签设置应规范、清晰、耐用、不宜脱落，禁止人工书写。设备和线缆的所有铭牌、使用指示、警告指示、技术性能参数、线缆及其连接装置的标签必须易识别，且用中文表示。铭牌材料必须防锈、防潮，所有铭牌上的字体、颜色与铭牌的底色必须呈鲜明的对比，保证视觉效果清晰、舒适。标签应具有永久的防脱落、防水、防高温特性。所有光缆建议采用喷漆防锈标牌，铜缆网线和光缆尾纤的配线、跳线和接线盒都应使用激光打印的粘贴标签，按照招标方的编号规则予以标志。

8）弱电桥架系统包括水平桥架、垂直桥架。综合布线等弱电系统单独使用一套桥架，不得与强电系统桥架混合使用。

9）在垂直桥架内留出绑线位置，垂直线缆采用钢带分段绑扎，绑扎点间距 2 m。线管埋入墙内，采用软管接入桥架。桥架在弱电井的布线机柜顶上呈梯形进口，桥架施工必须满足 GB 50303—2015《建筑电气工程施工质量验收规范》要求。

2.3 校园无线局域网

校园无线局域网的通信范围不受环境条件的限制，网络连接比较灵活，随着无线设备和智能手机的迅速普及，越来越多的校园网络建设对无线覆盖提出了要求。

2.3.1 无线局域网概述

无线局域网（WLAN）是利用无线通信技术在一定的局部范围内建立的网络，是计算机网络与无线通信技术相结合的产物，它以无线多址信道作为传输媒介，提供传统有线局域网（LAN）的功能，能够使用户真正随时、随地、随意地接入宽带网络。

由于 WLAN 是基于计算机网络与无线通信技术的，在计算机网络结构中，逻辑链路控制（LLC）层及其之上的应用层对不同物理层的要求可以是相同的，也可以是不同的，因此，WLAN 标准主要是针对物理层（PHY）和媒介访问控制层（MAC）及其所使用的无线频率范围、空中接口通信协议等技术规范与技术标准。

目前 WLAN 主要采用 IEEE 802.11 系列技术标准，为了保持和有线网络同等级的接入速率，目前比较常用的 802.11g 能够提供 54 Mbit/s 的速率，而 802.11ac 则可提供 3.2 Gbit/s 的速率。标准化进程如表 2-2 所示。

表 2-2　802.11 系列协议标准化进程

协议名称	发布时间	频　带	最大传输速率
802.11	1997 年	2.4~2.5 GHz	2 Mbit/s
802.11a	1999 年	5.15~5.35/5.47~5.725/5.725~5.875 GHz	54 Mbit/s
802.11b	1999 年	2.4~2.5 GHz	11 Mbit/s
802.11g	2003 年	2.4~2.5 GHz	54 Mbit/s
802.11n	2009 年	2.4 GHz 或 5 GHz	600 Mbit/s（4MIMO，40 MHz）
802.11ac	2011 年	2.4 GHz 或 5 GHz	3.2 Gbit/s（8MIMO，160 MHz）
802.11ad	2011 年	60 GHz	6.756 Gbit/s（大于 MIMO）
802.11ah	2016 年	900 MHz	7.8 Mbit/s
802.11ax	2017 年	5 GHz	3.2 Gbit/s（8MIMO，160 MHz）

相比于传统有线网络，无线局域网的特点主要体现在以下两方面。

1）组网更加灵活。无线局域网使用无线信号，网络接入更加灵活，只要有信号的地方，都可以随时将网络设备接入校园区网内。因此在需要移动办公或即时演示时，无线局域网优势更加明显。

2）规模升级更加方便。无线局域网络终端设备接入数量限制更少，相比于有线网络一个接口对应一个设备，无线路由器允许多个无线终端设备同时接入无线局域网，因此在网络规模升级时，无线局域网的优势更加明显。

2.3.2　电磁波传输的基础知识

无线局域网采用无线电波传输数据信息，而无线电波是一种在空间传播的电磁波，从事无线局域网设计与施工的人员要掌握电磁波传输的有关知识。

1. 信号强度

电磁波向空间传播时，它的能量向四面八方传送。例如 RG-AP220-E 系列无线接入点设备标称功率为 100 mW，是指无线接入点通过天线每秒可以辐射出 100 mW 的能量。但在无线电波实际应用中，采用的功率单位是 dBm，而不是 W 或者 mW。

dB（分贝）是一个纯计数单位，本意表示两个量的比值大小，没有单位。dBm 表示对于 1 mW 功率的比值大小。如对于 100 mW 的功率，按 dBm 单位进行折算后的值应为

$$10\lg(100\,\text{mW}/1\,\text{mW}) = 10\lg(100) = 20\,\text{dBm}$$

功率采用 dBm 表示后，可将普通数的乘运算转换成 dBm 加运算。运算时要牢记以下几个常用的 dB 值，即 3 dB = 2，5 dB = 3，7 dB = 5，10 dB = 10，0 dB = 1

例如 500 mW = 5×10×10×1 mW = (7+10+10+0) dBm = 27 dBm。

又如 30 mW = 3×10×1 mW = (5+10+0) dBm = 15 dBm。

2. 信号的传送方式

无线接入点（AP）的无线信号传递主要通过两种方式，即辐射和传导。辐射是指 AP 的信号通过天线传递到空气中去；传导是指无线信号在线缆等介质内进行传递。无线信号在线缆介质内传导不受外界干扰，损耗小，速率快，质量好，但需要事先敷设线缆。

3. 接收灵敏度

接收灵敏度就是接收机能够正确地把有用信号解调出来的最小信号接收功率。无线传输的接收灵敏度类似于人们沟通交谈时的听力，提高信号的接收灵敏度，可使无线产品具有更强地捕获弱信号的能力。这样，随着传输距离的增加，接收信号变弱，高灵敏度的无线产品仍可以接收数据，维持稳定连接，大幅提高传输距离。

一般来说 AP 的接收灵敏度为 −85 dBm，甚至达到 −105 dBm，而 STA 模式的接收灵敏度一般在 −75 dBm。

由于 WLAN 的底噪（环境噪声）为 −95 dBm，因此信号强度如果低于 −95 dBm，这样的信号就等同于噪声。

另外，AP 接收灵敏度还与信号传输标准有关，如锐捷网络的 RG-AP740-I（C）无线接入点产品的接收灵敏度如下。

1）信号传输标准为 802.11b 时，接收灵敏度为 −91 dBm（1 Mbit/s），−88 dBm（5 Mbit/s），−85 dBm（11 Mbit/s）。

2）信号传输标准为 802.11a/g 时，接收灵敏度为 −89 dBm（6 Mbit/s），−80 dBm（24 Mbit/s），−76 dBm（36 Mbit/s），−71 dBm（54 Mbit/s）。

3）信号传输标准为 802.11n 时，接收灵敏度为 −83 dBm@ MCS0、−65 dBm@ MCS7、−83 dBm@ MCS8、−65 dBm@ MCS15。

4）信号传输标准为 802.11ac HT20 时，接收灵敏度为 −83 dBm（MCS0），−57 dBm（MCS9）。

5）信号传输标准为 802.11ac HT40 时，接收灵敏度为 −79 dBm（MCS0），−57 dBm（MCS9）。

6）信号传输标准为 802.11ac HT80 时，接收灵敏度为 −76 dBm（MCS0），−51 dBm（MCS9）。

4. 信号衰减

信号强度随着传输距离变远而衰减，或者说传输距离越远的地方信号强度越弱。因此，无线信号远距离传输需要建基站中继。

信号穿透障碍物时强度会衰减，实践经验总结，穿透地板衰减 30 dB，穿透承重墙衰减 20~40 dB，穿透砖墙衰减 10 dB，穿透 10 mm 玻璃窗户衰减 3 dB，穿透人体衰减 3 dB，穿过空旷走廊衰减 30 dB/50m。

2.3.3 校园无线局域网络的设计要点

校园无线局域网络的设计应按《职业院校数字校园建设规范》中 "6.2.4 校园无线网络的设计与实施" 要求，做到以下几点。

1）校园无线局域网络应在校园有线网络的基础上建设，采用最新成熟无线技术的产品。

2）校园无线局域网络应采用基于无线控制器的 FIT AP 系统架构，实现可管理、安全、QoS、漫游等功能。

3）AP 数量应根据场地面积、可能并发的无线终端数进行合理设置。

4）AP 布线标准应采用超五类或六类线系统标准。AP 部署点布放双绞线长度超过 100m 时，应采用光纤方式为 AP 提供接入。

5）校园无线局网络应部署用户管理系统，实现用户认证和管理，可以共用有线网络的用户管理系统。

2.3.4　校园无线局域网络的拓扑结构

校园无线局域网络的拓扑结构一般分成 3 个层次，即核心-汇聚-接入的模式。每台计算机或数字终端分别通过二层接入交换机或者无线 AP 接入网络。数台二层接入交换机最终连接到大楼汇聚交换机上，通过汇聚交换机上行的高速光纤接口和核心交换机互联，如图 2-11 所示。图 2-12 所示为某高校的校园无线局域网络拓扑结构图。

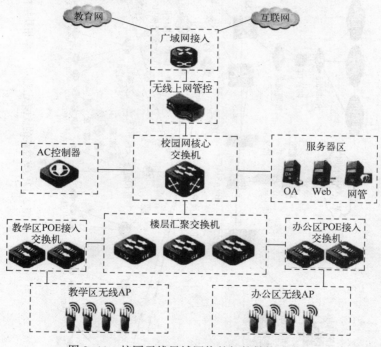

图 2-11　校园无线局域网络的拓扑结构示意图

当前国内一些高校的无线局域网采用锐捷网络的"智分+"多级分布式架构。"智分+"新一代无线网络由 AP 主机和微 AP 两部分组成，AP 主机部署在弱电间或楼道中，微 AP 部署在房间内，采用标准网线连接，最长可达 100 m（供电最远网线距离为 100 m，但建议不超过 75 m）。AP 主机连接到该楼栋交换机，每台楼栋交换机通过千兆单模光纤连接到汇聚网关。其中，汇聚网关更集成了高性能的无线控制器板卡，负责对所有 AP 进行统一管理。微 AP 无须配置，没有地址，可自由更换，即插即用，上万间宿舍，只需管理数百个 AP 主机，管理工作量减少九成以上。锐捷网络"智分+"新一代无线网络示意图如图 2-13 所示。

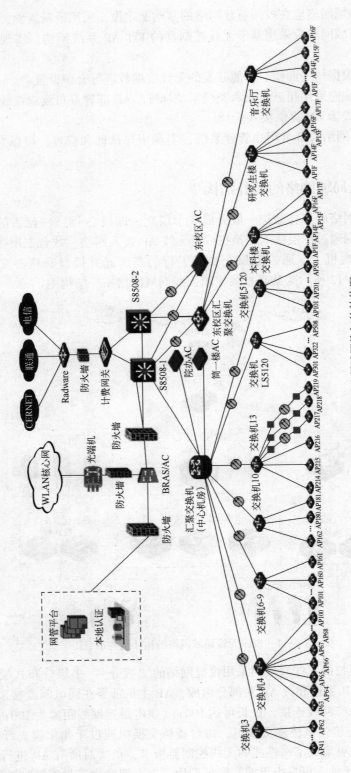

图 2-12　某高校的校园无线局域网络拓扑结构图

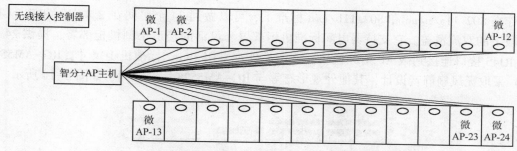

图 2-13 锐捷网络"智分+"新一代无线网络示意图

2.3.5 校园无线局域网建设的注意事项

1）无线局域网不可能完全取代有线局域网，只能作为有线网络的补充和完善。二者并不是技术竞争，而是技术互补。无线局域网在现有有线网络的基础上增加了更多实际功能，网络中心既作为 Internet 的接入点，又作为无线站的中心站，负责控制所有站点对网络的访问。

2）为适应网络以后的扩展和升级，应慎重考虑选择网络所使用的协议标准和设备。

3）无线网络基础构建的时候要考虑采用专业的设施，聘请专业的队伍，否则在规模扩大到一定程度时就可能会遇到功率控制、频率选择、环境噪声等很多问题。

4）应妥善考虑无线网络的支撑系统（包括无线网管、无线安全、无线计费等），否则无线设备之间的不兼容性，或者网络管理的混乱会导致大量问题。

5）由于无线局域网依靠无线电波的传播，电波发射时，墙壁、大型用具和其他障碍物的阻碍会使得网络的性能降低。因此，在校园网内要做到有线和无线的合理布局。

6）无线电波是开放性的传播媒介，一旦获得网络的访问代码，那么，在无线电波传播范围内的任何人都可以上网监听网络通信或截取敏感数据。因此，要加强数据的安全性。

7）要建立可靠的网络安全机制和提供完善的支持服务。网络建成使用后，必须建立起安全可靠的身份确认和授权机制；考虑到用户在网络使用中可能会遇到一系列的问题，为此还需为用户提供完善的支持服务，包括对用户提供必要的培训和咨询。网络的建成将大大便利教师和学生的信息访问能力，但过度和不恰当的使用会造成网络阻塞，影响正常的教学和学习，因此，应加大对使用者的管理力度，尽可能做到扬长避短，趋利避害。

2.3.6 校园无线局域网的主要设备

校园无线局域网的主要设备包括 AP、AC、POE 交换机等。

1. AP（无线接入点）

AP 是校园无线局域网使用最多的设备，它的品牌、种类、型号繁多，按安装地点不同，一般分为室外 AP 系列、墙面 AP 系列、放装 AP 系列（包括低密度、中型、高密度型）等；还可分主 AP 与微 AP。主 AP 是有路由交换接入一体设备，它执行接入和路由工作；微 AP 也称纯接入点设备，它只负责无线客户端的接入。例如中山大学的校园网采用了锐捷网络的"智分+"多级分布式架构，主 AP 用 RG-AM5528 型，微 AP 用 RG-MAP552 型。

RG-AM5528/AM5528（ES）系列主 AP 采用分布式架构和千兆独享式架构，可支持同时工作在 802. 11a/n/ac 和 802. 11b/g/n 标准下，可以做到 24 个房间在 2.4 GHz 和 5.8 GHz 双频段下的双流覆盖。它支持弱电间标准机柜部署和灵活的楼道小型机柜部署，提供 24 个下行 RJ45 接口连接到微 AP 射频模块。该产品外观采用 19 in⊖ 标准机柜尺寸，RG-AM5528（ES）采取无风扇静音设计，其他外观形态等与 RG-AM5528 完全相同，如图 2-14 所示。

图 2-14　RG-AM5528/5528（ES）的外形

锐捷网络的 RG-MAP552 微 AP 是新一代高速无线网络的无线接入点产品。它采用 802. 11ac 协议标准，通过集成超五类线，将一台 AM5528 延伸出 24 个 Radio 模块，支持 24 个房间的双频双流性能，每个房间享有 600 MB 的带宽资源，满足宿舍环境等高性能接入的需求。同时 RG-MAP552 产品充分考虑无线网络安全、射频控制、移动访问、服务质量保证、无缝漫游等重要因素，完成了无线用户的数据转发、安全和访问控制。

RG-MAP552 包含一个千兆上行接口、两个百兆下行接口，整机外形如图 2-15 所示。

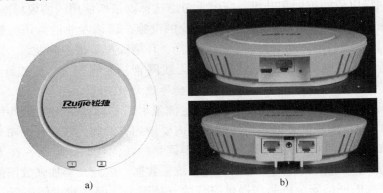

a)　　　　　　　　　　　　　　b)

图 2-15　RG-MAP552 外形

a）正面　b）侧面

2. AC（无线接入控制器）

AC 是一种无线局域网接入控制设备，负责将来自不同 AP 的数据进行汇聚并接入 Internet，同时完成 AP 设备的配置管理和无线用户的认证、管理以及带宽、访问、切换、安全等控制功能。

依托 AC 强大的管理和控制功能，能够构建出个性化、专业化的 WLAN 解决方案。如华为的 AC6605 接入控制器采用一体化设计，既可以作为有线网络接入或汇聚设备，也可以作为无线接入的管理设备。它有 24 个 GE 口和两个 10GE 口，提供 128 Gbit/s 的交换容量和 10 Gbit/s 的转发能力，可以满足 AC 下直挂 AP 或其他需要供电终端的网络部署要求。华为 AC6605 外形如图 2-16 所示。

AC6605 接入控制器在端口方面拥有两个 10GE 上行接口，上行可以实现万兆速率传输；

⊖　1 in＝2.54 cm

图 2-16　华为 AC6605 接入控制器的外形

有 24 个电口，其中最后 4 个电口与 4 个光口组成 Combo；还有 1 个 RJ45 维护串口，1 个 RJ45 维护网口，1 个 Mini USB 维护串口用于维护设备。

AC6605 接入控制器采用静音风扇，风扇转速自动调整，降低系统的噪音，节省风扇功耗；当检测不到业务端口对端连接设备，即端口空闲时，芯片就进入省电模式，以减小整机功耗。

3. POE 交换机

POE（Power Over Ethernet）交换机是指在现有的以太网五类综合布线的基础架构上，不做任何改动，为一些基于 IP 的终端（如 IP 电话机、无线局域网接入点 AP、网络摄像机等）传输数据信号的同时，还能为此类设备提供直流供电的交换机。POE 交换机能在确保现有结构化布线安全的同时，保证现有网络的正常运作，最大限度地降低成本。

POE 交换机端口支持输出功率达 15.4 W 或 30 W，符合 IEEE802.3at 标准的 POE 交换机的端口输出功率可以达到 30 W，受电设备可获得的功率为 25.4 W。通俗说，POE 交换机就是支持网线供电的交换机，其不但可以实现普通交换机的数据传输功能，还能同时对网络终端进行供电。

校园网络的 POE 交换机根据安放的网络位置，一般分为核心交换机、汇聚交换机和接入交换机。顾名思义，核心交换机是安放在网络的核心层，汇聚交换机是安放在网络的汇聚层，接入交换机是安放在网络的接入层。

核心交换机采用面向云架构的网络设计，支持云数据中心特性和云校园网络特性，实现云架构网络融合、虚拟化和灵活部署。它可以根据业务需要部署在数据中心、城域网、校园网或数据中心与校园网融合的场景。

H3C S5500-EI-D 系列交换机是新华三技术有限公司（简称 H3C 公司）新开发的增强型 IPv6 三层万兆以太网交换机，具备盒式交换机先进的硬件处理能力和丰富的业务特性；支持最多 4 个万兆扩展接口，支持 IPv4/IPv6 硬件双栈及线速转发，使客户能够从容应对即将到来的 IPv6 时代。例如，S5500-28C-EI-D 型交换机，其外形如图 2-17 所示，有 24 个 10/100/1000Base-T 以太网端口，4 个复用的 SFP 千兆端口（Combo），两个扩展槽位，每个槽位支持最大两端口的 10GE 扩展模块及两端口的 CX4 扩展模块。

图 2-17　H3C S5500-28C-EI-D 型交换机外形

H3C S5500-EI-D 系列交换机的部分技术参数如表 2-3 所示。

表 2-3　H3C S5500-EI-D 系列交换机的部分技术参数

支持特性/型号	S5500-28C-EI-D	S5500-52C-EI-D	S5500-28F-EI-D
交换容量	256 Gbit/s	256 Gbit/s	256 Gbit/s
包转发率（整机）	96 Mp/s	132 Mp/s	96 Mp/s
外形尺寸（长×宽×高）/mm	440×300×43.6	440×300×43.6	440×360×43.6
重量/kg	4	4.5	6.3
管理端口	1 个 Console 口	1 个 Console 口	1 个 Console 口
业务端口描述	24 个 10/100/1000Base-T 以太网端口，4 个复用的 1000Base-X SFP 千兆端口	48 个 10/100/1000Base-T 以太网端口，4 个复用的 1000Base-X SFP 千兆端口	24 个 10/100/1000Base-X SFP 千兆端口，8 个复用的 10/100/1000Base-T 以太网端口
扩展槽位	两个扩展插槽位	两个扩展槽位	两个扩展槽位

要选择合适的 POE 交换机，需要注意以下几点。

（1）供电标准

确定受电端（AP 或 IPC）支持的供电协议（如 802.3af、802.3at 或是非标准 POE），交换机支持的 POE 供电协议需要和受电终端一致。802.3af 标准的 POE 交换机单端口输出功率为 15.4W，802.3at 标准的 POE 交换机单端口输出功率为 30 W，对于功率较大的受电设备，建议采用 802.3at 标准的 POE 交换机。

POE 交换机除了考虑供电协议及单端口输出功率外，还需要考虑到 POE 交换机的整体功率，总的功率越大，供电能力越强（最大供电功率一定要大于受电端的总功率）。

（2）物理端口

POE 交换机的端口也有数量之分，从 4 到 24 个端口不等，需要根据受电终端设备数量考虑选购 POE 交换机。

（3）传输速率

POE 交换机的传输速率有百兆、千兆之分，需要根据受电终端和业务需求考虑端口支持的最高速率。一般情况下，千兆 POE 交换机性能优于百兆 POE 交换机。以网络监控为例，如果监控设备配置的是高清摄像头，但带宽不足以支持高清传播，就会出现丢包现象，影响监控效果（延迟、卡顿），要想达到高清流畅的效果，应采用千兆 POE 交换机。

（4）可管理性

POE 交换机分为网管 POE 交换机及基本 POE 交换机。基本 POE 交换机主要提供 POE 供电端口，直接使用，无须配置；网管 POE 交换机除了提供 POE 供电，还可以灵活配置端口供电时间和优先级，可以指定更合理的供电计划。

更多有关 POE 交换机的具体特性及技术参数请参看设备生产厂家的说明书。

2.4 无线传感器网络

2.4.1 无线传感器网络概述

无线传感器网络（WSN）最早由美国军方提出，起源于 1978 年美国国防部高级研究所计划署（DARPA）资助的卡耐基–梅隆大学进行的分布式传感器网络的研究项目。当时没有考虑互联网及智能计算等技术的支持，强调无线传感器网络是由节点组成的小规模自组织网络，主要应用在军事领域。

例如在冷战时期，布设在一些战略要地的海底，用于检测核潜艇行踪的海底声响监测系统（Sound Surveillance System，SOSUS）和用于防空的空中预警与控制系统（Airbome Warning and Control System，AWACS），这种原始的传感器网络通常只能捕获单一信号，在传感器节点之间进行简单的点对点通信。

无线传感器网络技术的发展大致可分为 4 个阶段，如表 2-4 所示。

表 2-4　无线传感器网络技术的发展阶段

传感器网络发展阶段	时　间	主　要　特　点
第一代	20 世纪 70 年代	点对点传输，具有简单的信息获取能力
第二代	20 世纪 80 年代	具有获取多种信息的综合能力
第三代	20 世纪 90 年代后期	智能传感器采用现场总线连接传感器构成局域网络
第四代	21 世纪至今	以无线传感器网络为标志，处于理论研究和应用开发阶段

第一代无线传感器网络只具有点到点的信号传输功能，采用二线制的 4~20 mA 电流或 1~5 V 电压标准，实现信息的单向传递。

第二代无线传感器网络是由智能传感器和现场控制站组成的测控网络，采用模拟电流或电压信号实现传感器信号传递，具有获取多种信息的综合能力。

第三代无线传感器网络是基于现场总线的智能传感器网络。现场总线是连接智能化现场设备和控制室之间的全数字、开放式的双向通信网络。

第四代无线传感器网络是一种自主完成任务的智能性无线传感器网络，采用微机电系统（MEMS）、低能耗的模拟和数字电路技术、低能耗的无线电射频（RF）技术和传感技术，开发出小体积、低成本、低功耗的微传感器。

21 世纪，电系统 MEMS、片上系统 SOC、低功耗微电子和无线通信等技术决定了 WSN 的自组织、低成本、低功耗等独特优势，在智能建筑、自然灾害、环境监测、现代农业、石油勘探、医疗护理及智能交通等领域都有着广阔的应用前景，也推动了家庭智能化的发展。

2.4.2　无线传感器网络的组成与网络结构

无线传感器网络是由大量体积小、成本低、具有无线通信和数据处理能力的传感器节点组成的。传感器节点一般由传感器、微处理器、无线收发器和电源组成，有的还包括定位装置和移动装置，其组成如图 2-18 所示。

无线传感器网络中传感器节点的功能都是相同的，它们通过无线通信的方式自适应地组成一个无线网络。各个传感器节点将自己所探测到的有用信息，通过多跳中转的方式向指挥中心（主机）报告。传感器节点配备满足不同应用需求的传感器，如温度传感器、湿度传感器、光照度传感器、红外线感应器、位移传感器及压力传感器等。

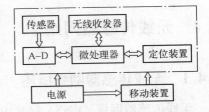

图 2-18　无线传感器网络的组成示意图

无线传感器网络节点由传感单元、处理单元、无线收发单元和电源单元等几部分组成，如图 2-19 所示。

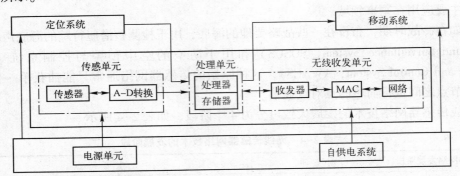

图 2-19　无线传感器网络节点结构

传感单元由传感器和 A-D 转换模块组成，用于感知、获取监测区域内的信息，并将其转换为数字信号；处理单元由嵌入式系统构成，包括处理器、存储器等，负责控制和协调节点各部分的工作，存储和处理自身采集的数据以及其他节点发来的数据；无线收发单元由无线通信模块组成，负责与其他传感器节点进行通信，交换控制信息和收发采集数据；电源单元能够为传感器节点提供正常工作所必需的能源，通常采用微型电池。

典型无线传感器网络结构如图 2-20 所示。

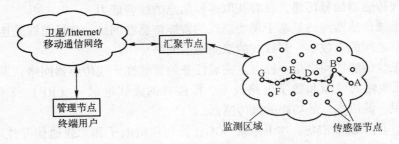

图 2-20　典型无线传感器网络结构

2.4.3　无线传感器网络的体系结构

无线传感器网络是由部署在监测区域内的大量传感器节点相互通信形成的多跳自组织网络系统，是物联网底层网络的重要技术形式。随着无线通信、传感器技术、嵌入式应用和微电子技术的日趋成熟，无线传感器网络可以在任何时间、任何地点、任何环境条件下获取人们所需的信息，为物联网的发展奠定基础。

无线传感器网络的体系结构由分层的网络通信协议、网络管理平台以及应用支撑平台3部分组成，如图2-21所示。

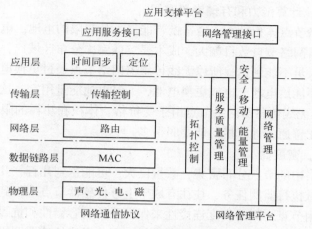

图2-21　无线传感器网络的体系结构

1. 网络通信协议

网络通信协议类似于传统Internet网络中的TCP/IP协议体系，由物理层、数据链路层、网络层、传输层和应用层组成。

物理层负责信号的调制和数据的收发，所采用的传输介质主要有无线电、红外线、光波等；数据链路层负责数据成帧、帧检测、媒体访问和差错控制。其中，媒体访问协议保证可靠的点对点和点对多点通信；差错控制则保证源节点发出的信息可以完整无误地到达目标节点；网络层负责路由发现和维护，通常大多数节点无法直接与网关通信，需要通过中间节点以多跳路由的方式将数据传送至汇聚节点；传输层负责数据流的传输控制，主要通过汇聚节点采集传感器网络内的数据，并使用卫星、移动通信网络、Internet或者其他链路与外部网络通信，是保证通信服务质量的重要部分。

2. 网络管理平台

网络管理平台主要是对传感器节点自身的管理以及用户对传感器网络的管理，它包括了拓扑控制、服务质量管理、能量管理、安全管理、移动管理及网络管理等。

3. 应用支撑平台

应用支撑平台建立在分层网络通信协议和网络管理技术的基础之上，它包括一系列基于监测任务的应用层软件，通过应用服务接口和网络管理接口来为终端用户提供各种具体应用的支持。

无线传感器网络的通信协议和应用要求各节点间的时钟必须保持同步，这样多个传感器节点才能相互配合工作。此外，节点的休眠和唤醒也要求时钟同步。

节点定位是确定每个传感器节点的相对位置或绝对位置，节点定位在军事侦察、环境监测、紧急救援等应用中尤为重要。

2.4.4　无线传感器网络的特点

无线传感器网络是集信息采集、数据传输、信息处理于一体的综合智能信息系统。与传统无线网络相比，在通信方式、动态组网以及多跳通信等方面有许多相似之处，但同时也存在很大的差别。无线传感器网络具有如下所述许多鲜明的特点。

1. 节点的能量、计算能力和存储容量有限

无线传感器网络节点体积微小，通常携带能量十分有限的电池。电池的容量一般不是很大。由于无线传感器网络节点数目庞大，成本要求低廉，分布区域广，而且部署区域环境复杂，有些区域甚至人员不能到达，所以无线传感器网络节点通过更换电池的方式来补充能源是不现实的，如果不能给电池充电或更换电池，一旦电池能量用完，这个节点也就失去了作用（死亡）。另外，无线传感器网络节点由于受价格、体积和功耗的限制，其计算能力、程序空间和内存空间比普通的计算机功能要弱很多。

2. 节点数量大，密度高

无线传感器网络中的节点分布密集，数量巨大，可能达到几百、几千万，甚至更多。此外，为了对一个区域执行监测任务，往往有成千上万传感器节点空投到该区域，传感器节点分布非常密集，利用节点之间的高度连接性来保证系统的容错性和抗毁性。传感器网络的这一特点使得网络的维护十分困难，甚至不可维护，因此无线传感器网络的软、硬件必须具有高的强壮性和容错性，以满足功能要求。

3. 拓扑结构易变化，具有自组织能力

在无线传感器网络应用中，节点通常被放置在没有基础结构的地方，而通过随机布置的方式。传感器节点的位置不能预先精确设定，节点之间的相互邻居关系预先也不知道。这就要求传感器节点具有自组织能力，能够自动进行配置和管理，通过拓扑控制机制和网络协议自动形成转发监控数据的多跳无线网络系统。同时，由于能量耗尽或环境因素造成部分传感器节点失效，以及经常有新的节点加入，或是网络中的传感器、感知对象和观察者这三要素都可能具有移动性，这就要求传感器网络必须具有很强的动态性，以适应网络拓扑结构的动态变化。

4. 数据为中心

无线传感器网络是以数据为中心的网络。传感器网络的核心是感知数据，而不是网络硬件。用户感兴趣的是传感器产生的数据，而不是传感器本身。用户不会提出这样的查询："从 A 节点到 B 节点的连接是如何实现的？"他们经常会提出如下的查询："网络覆盖区域中哪些地区出现毒气？"在无线传感器网络中，传感器节点不需要地址之类的标识，因此，无线传感器网络是一种以数据为中心的网络。

5. 多跳路由，采用空间位置寻址方式

网络中节点通信距离有限，一般在几百米范围内，节点只能与它的邻居直接通信。如果希望与其射频覆盖范围之外的节点进行通信，则需要通过中间节点进行路由。固定网络的多跳路由使用网关和路由器来实现，而无线传感器网络中的多跳路由是由普通网络节点完成的，没有专门的路由设备。这样每个节点既可以是信息的发起者，也可以是信息的转发者，并采用空间位置寻址方式。

6. 节点出现故障的可能性较大

由于无线传感器网络中的节点数目庞大，分布密度超过如点对点（Ad-Hoc）网络那样的普通网络，而且所处环境可能会十分恶劣，所以出现故障的可能性会很大。有些节点可能是一次性使用，所以要求其有一定的容错率。

2.5 物联网概述

2.5.1 物联网的定义

"物联网概念"是在"互联网概念"的基础上，将其用户端延伸和扩展到任何物品与物品之间，进行信息交换和通信的一种网络概念。目前人们对于物联网的定义有以下几种。

1. 定义 1

1999 年，美国麻省理工学院 Auto-ID 中心教授 Ashton 在研究 RFID 时最早提出物联网概念：把所有物品通过射频识别（RFID）和条码等信息传感设备与互联网连接起来，实现智能化识别和管理。

2. 定义 2

2005 年 11 月 17 日，在突尼斯举行的信息社会世界峰会（WSIS）上，国际电信联盟（ITU）发布了《ITU 互联网报告 2005：物联网》，正式提出了"物联网"的概念。报告指出，无所不在的"物联网"通信时代即将来临，世界上所有的物体从轮胎到牙刷、从房屋到纸巾都可以通过因特网主动进行交换。射频识别（RFID）技术、传感器技术、纳米技术、智能嵌入技术将得到更加广泛的应用。

3. 定义 3

2009 年 9 月 15 日，欧盟第 7 框架下 RFID 和物联网研究项目簇（CERP-IOT）在发布的《Internet of Things Strategic Research Roadmap》研究报告中对物联网的定义：物联网是未来因特网（Internet）的一个组成部分，可以被定义为基于标准的和可互操作的通信协议且具有自配置能力的动态的全球网络基础架构。物联网中的"物"都具有标识、物理属性和实质上的个性，使用智能接口，实现与信息网络的无缝整合。

从上述 3 种定义不难看出，"物联网"的内涵是起源于由 RFID 对客观物体进行标识并利用网络进行数据交换这一概念，并不断扩充、延展、完善而逐步形成的。

通过这些年的发展，物联网基本可以定义为通过无线射频识别、无线传感器等信息传感设备，按传输协议，以有线和无线的方式把任何物品与互联网相联，运用"云计算"等技术，进行信息交换和通信等处理，以实现智能化识别、定位、跟踪、监控和管理等功能的一种网络。物联网是在互联网的基础上，将用户端延伸和扩展到任何物品与物品之间，在这个网络中，物品（商品）能够彼此进行"交流"，而无须人的干预。其实质是利用 RFID 等技术，通过互联网实现物品（商品）的自动识别和信息的互联与共享。

2.5.2 物联网的体系结构

物联网的突出特征是通过各种感知方式来获取物理世界的各种信息，结合互联网、有线网、无线移动通信网等进行信息的传递与交互，再采用智能计算技术对信息进行分析处理，从而提升人们对物质世界的感知能力，实现智能化的决策和控制。

物联网的体系结构通常被认为有 3 个层次，从下到上依次是感知层、网络层和应用层。如图 2-22 所示。

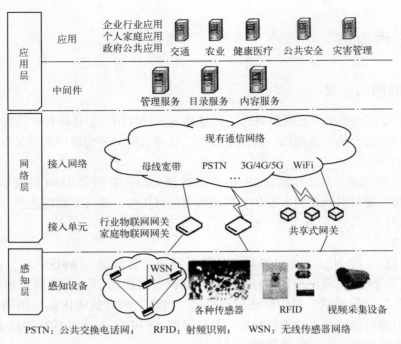

PSTN：公共交换电话网；　　　RFID：射频识别；　　　WSN：无线传感器网络

图 2-22　物联网的体系结构

1. 感知层

物联网的感知层主要完成信息的采集、转换和收集，可利用 RFID、二维码、GPS、摄像头、传感器等感知、捕获、测量技术手段，随时随地对感知对象进行信息采集和获取。感知层包含两部分，即传感器（或控制器）和短距离传输网络。传感器（或控制器）用来进行数据采集及实现控制；短距离传输网络将传感器收集的数据发送到网关，或将应用平台的控制指令发送到控制器。

感知层的关键技术主要为传感器技术和短距离传输网络技术，例如物联网智能家居系统中的感知技术，包括无线温湿度传感器、无线门磁和窗磁、无线燃气泄漏传感器等；短距离无线通信技术（包括由短距离传输技术组成的无线传感网技术）将在后文介绍。

2. 网络层

物联网的网络层主要完成信息传递和处理。网络层包括两部分，即接入单元和接入网络。接入单元是连接感知层的网桥，它汇聚从感知层获得的数据，并将数据发送到接入网络。接入网络即现有的通信网络，包括移动通信网、有线电话网、有线宽带网等。通过接入网络，人们将数据最终传入互联网。

例如，物联网智能家居系统中的网络层还包括家居物联网管理中心、信息中心、云计算平台、专家系统等对海量信息进行智能处理的部分。网络层不但要具备网络运营的能力，还要提升信息运营的能力，如对数据库的应用等。在网络层中，尤其要处理好可靠传送和智能处理这两个问题。

网络层的关键技术既包含了现有的通信技术，如移动通信技术、有线宽带技术、公共交换电话网（PSTN）技术、无线联网（WiFi）通信技术等，又包含了终端技术，如实现传感网与通信网结合的网桥设备、为各种行业终端提供通信能力的通信模块等。

3. 应用层

物联网的应用层主要完成数据的管理和处理，并将这些数据与各行业应用相结合。应用层也包括两部分，即物联网中间件和物联网应用。物联网中间件是一种独立的系统软件或服务程序。中间件将许多可以公用的能力进行统一封装，提供给丰富多样的物联网应用。统一封装的能力包括通信的管理能力、设备的控制能力、定位能力等。

物联网应用是用户直接使用的各种应用，种类非常多，包括家庭物联网应用（如家用电器智能控制、家庭安防等），也包括很多企业和行业应用（如石油监控应用、电力抄表、车载应用、远程医疗等）。

应用层主要基于软件技术和计算机技术实现，其关键技术主要是基于软件的各种数据处理技术。此外，云计算技术作为海量数据的存储、分析平台，也将是物联网应用层的重要组成部分。应用是物联网发展的目的，各种行业和家庭应用的开发是物联网普及的原动力，将给整个物联网产业链带来巨大利润。

2.5.3 物联网的关键技术

物联网是一种复杂、多样的系统技术，它将"感知、传输、应用"3项技术结合在一起，是一种全新的信息获取和处理技术。因此，从物联网技术体系结构角度解读物联网，可以将支持物联网的技术分为感知技术、传输技术、支撑技术、应用技术4个层次。

1. 感知技术

感知技术是指能够用于物联网底层感知信息的技术。它包括 RFID 技术、传感器技术、无线传感器网络技术、遥感技术、GPS 定位技术、多媒体信息采集与处理技术及二维码技术等。

2. 传输技术

传输技术是指能够汇聚感知数据，并实现物联网数据传输的技术。它包括互联网技术、地面无线传输技术、卫星通信技术以及短距离无线通信技术等。

3. 支撑技术

支撑技术是物联网应用层的分支。它是指用于物联网数据处理和利用的技术，包括云计算技术、嵌入式技术、人工智能技术、数据库与数据挖掘技术、分布式并行计算和多媒体与虚拟现实等。

4. 应用技术

应用技术是指用于直接支持物联网应用系统运行的技术。应用层主要是根据行业特点，借助互联网技术手段，将物联网的优势与行业的生产经营、信息化管理、组织调度结合起来，开发各类行业应用解决方案，构建智能化的行业应用。它包括物联网信息共享交互平台技术、物联网数据存储技术以及各种行业物联网应用系统。

2.6 网络管理与网络安全

2.6.1 网络管理的含义与主要内容

网络管理是通过相应的管理系统对网络及其用户进行管理，以保障网络及其信息服务系统的正常运行。网络管理是保障网络可靠运行的最重要手段，网络管理系统则可根据用户需要提供丰富、专业、定制化的网络管理功能。

网络管理是监督、组织和控制网络通信服务以及信息处理所必需的各种活动的总称，主要内容包括故障管理、配置管理、性能管理、计费管理和安全管理。

1. 故障管理

故障管理的主要功能是对全网设备的告警信息和运行信息进行实时监控，查询和统计设备的告警信息，具体表现在以下几方面。

1）维护并检查错误日志。

2）接受错误检测报告并做出响应。

3）跟踪、辨认错误。

4）执行诊断测试。

5）纠正错误。

2. 配置管理

配置管理负责初始化并配置网络，以使其提供网络服务。配置管理是一组辨别、定义、控制和监视组成一个通信网络的对象所必要的相关功能，目的是为了实现某个特定功能或使网络性能达到最优，具体表现在以下几方面。

1）设置开放系统中有关路由操作的参数。

2）被管对象和被管对象组名字的管理。

3）初始化或关闭被管对象。

4）根据要求收集系统当前状态的有关信息。

5）获取系统重要变化的信息。

6）更改系统的配置。

3. 性能管理

性能管理用于估计系统资源的运行状况及通信效率等系统性能，其能力包括监视和分析被管网络及其所提供服务的性能机制。性能分析的结果可能会触发某个诊断测试过程或重新配置网络以维持网络的性能。性能管理收集分析有关被管网络当前状况的数据信息，并维护和分析性能日志，具体表现在以下几方面。

1）收集统计信息。

2）维护并检查系统状态日志。

3）确定自然和人工状况下系统的性能。

4）改变系统操作模式以进行系统性能管理的操作。

4. 计费管理

计费管理记录网络资源的使用，目的是控制和监测网络操作的费用和代价，具体表现在以下几方面。

1）可以估算出用户使用网络资源可能需要的费用和代价以及已经使用的资源。

2）网络管理员可以规定用户可使用的最大费用，从而控制用户过多占用和使用网络资源。

3）当用户为了一个通信目的需要使用多个网络中的资源时，通过计费管理功能可以计算总费用。

5. 安全管理

网络安全管理包括对授权机制、访问控制、加密和加密关键字的管理，另外还要维护和检查安全日志，具体表现在以下几方面。

1）创建、删除、控制安全服务和机制。

2）安全相关信息的分布。

3）安全相关事件的报告。

另外，《职业院校数字校园建设规范》中"6.5.2 网络管理系统的功能"规定如下。

1）具备设备自动发现、二层和三层拓扑发现、设备及链路状态实时显示和故障实时告警等功能。

2）满足多厂家和多种类设备（网络设备、服务器、存储设备等）的统一管理需求，应支持对设备、链路及服务的性能进行监控和展示。

2.6.2 网络安全的含义及主要特性

网络安全是指网络系统的硬件、软件及其系统中的数据受到保护，不因偶然的或者恶意的原因而遭受到破坏、更改、泄露，系统连续可靠正常地运行，网络服务不中断。

网络的安全威胁主要分为两部分，一部分来自网内，另一部分来自外网。来源于网内的威胁主要是病毒攻击和黑客行为攻击。根据统计，威胁校园网络安全的攻击行为有 40% 左右来自于网络内部。

网络安全的主要特性如下。

1. 保密性

保密性是指网络信息不泄露给非授权用户、实体或过程，或供其利用的特性。

2. 完整性

完整性是指数据未经授权不能进行改变的特性。即信息在存储或传输过程中保持不被修改、不被破坏和不丢失的特性。

3. 可用性

可用性是指可被授权实体访问并按需求使用的特性。即当需要时能否存取所需的信息，例如，网络环境下拒绝服务，破坏网络和有关系统的正常运行等都属于对可用性的攻击。

4. 可控性

可控性是指对信息的传播及其内容具有控制能力。

5. 可审查性

可审查性是指出现安全问题时可提供依据与手段。

综上所述，网络安全从网络运行和管理者角度说，是希望对本地网络信息的访问、读写等操作受到保护和控制，避免出现"陷门"、病毒、非法存取、拒绝服务和网络资源非法占用和非法控制等威胁，制止和防御网络黑客的攻击。对安全保密部门来说，他们希望对非法的、有害的或涉及国家机密的信息进行过滤和防堵，避免机要信息泄露，避免对社会产生危害，避免对国家造成巨大损失。

2.6.3 威胁网络安全的因素分析

校园网络的安全受到的威胁包括"黑客"的攻击、计算机病毒、拒绝服务攻击。

安全威胁的类型如下所述。

1. 非授权访问

非授权访问指对网络设备及信息资源进行非正常使用或越权使用等，如操作员安全配置不当造成的安全漏洞用户安全意识不强，用户口令选择不慎，用户将自己的账号随意转借他人或与别人共享等。

2. 冒充合法用户

冒充合法用户主要指利用各种假冒或欺骗的手段非法获得合法用户的使用权限，以达到占用合法用户资源的目的。

3. 破坏数据的完整性

破坏数据的完整性指使用非法手段删除、修改、重发某些重要信息，以干扰用户的正常使用。

4. 干扰系统正常运行，破坏网络系统的可用性

干扰系统正常运行，破坏网络系统的可用性指通过改变系统的正常运行方法等手段，减慢系统的响应时间。这会使合法用户不能正常访问网络资源，使有严格响应时间要求的服务不能及时得到响应。

5. 病毒与恶意攻击

病毒与恶意攻击指通过网络传播病毒或恶意 Java、ActiveX 等，其破坏性非常高，而且用户很难防范。

6. 软件的漏洞和"后门"

软件的漏洞是指由于软件开发者开发软件时的疏忽，或者是编程语言的局限性而造成的缺陷，比如 C 语言比 Java 语言效率高但漏洞也多，所以常常要打补丁。

软件的"后门"是软件的编程人员为了方便而设置的，一般不为外人所知，如果"后门"被发现，被恶意利用，攻击者可通过运行软件来对用户的系统造成破坏、窃取机密等。

7. 电磁辐射

电磁辐射对网络信息安全有两方面影响。一方面，电磁辐射能够破坏网络中的数据和软件，这种辐射的来源主要是网络周围电子电气设备和试图破坏数据传输而预谋的干扰辐射源。另一方面，电磁泄漏可以导致信息泄露。电磁泄漏是指信息系统的设备在工作时能经过地线、电源线、信号线、寄生电磁信号或谐波等辐射出去，产生电磁泄漏。这些电磁信号如果被接收下来，经过提取处理，就可恢复出原信息，造成信息失密。

2.6.4 网络系统安全的设计与实施

《职业院校数字校园建设规范》中"6.5.4 网络系统安全"对网络系统安全的设计与实施有如下规定。

1）采用适当的安全体系设计和管理计划，有效降低网络安全事件对网络性能的影响，从而降低管理成本。

2）选择适当的技术和产品，制订较为完备的网络安全策略，在保证网络安全的情况下，提供顺畅的网络服务通道。

3）采用技术和管理相结合的安全保护措施，保护计算机硬件、软件和数据不因偶然和恶意的原因遭到破坏、更改和泄露。

2.6.5 网络安全设备

网络安全设备包括防火墙、入侵检测系统、防病毒系统、漏洞扫描系统、安全审计系统、流量监控系统、上网行为管理系统和 Web 应用防火墙等，这些设备根据需要部署在网络出口位置或数据中心出口位置。

1. 防火墙

防火墙对校园网络边界和各安全域的边界进行保护，其功能包括抵御 DOS/DDos 攻击、灵活的访问控制、NAT/SAT、链路负载均衡、服务器负载均衡、IPSec/PPTP/L2TP/SSL VPN、策略路由、IPv4/IPv6 双协议栈及日志审计等。

2. 入侵检测系统

入侵检测系统通过对系统或网络日志分析，获得系统或网络的安全状况，发现可疑或非法的行为，预防合法用户对资源的误操作，其功能包括网络数据流实时跟踪、网络攻击与入侵手段识别、网络安全事件捕获、智能化网络安全审计方案以及流量实时统计与监控等。

3. 防病毒系统

防病毒系统针对互联网病毒对学校信息系统进行全方位的保护，其功能如下所述。

1）检测蠕虫病毒、宏病毒、木马型病毒等各种已知病毒和未知病毒，自动恢复被病毒修改的注册表，自动删除病毒程序。

2）隔离染毒用户，防止病毒传播。通过设置，一旦发现用户访问或者复制染毒文件，可以自动切断网络连接，阻止用户在指定时间内再次访问服务器。

3）采用启发式扫描技术，发现未知病毒或可疑代码时，通过网络自动提交病毒样本文件。

4）对操作系统进行安全防护，对于非可信应用程序动作，实施但不限于检测木马、检测蠕虫、检测 P2P 蠕虫、检测键盘记录器、检测隐藏的驱动器安装、检测修改操作系统内核的操作、检测隐藏对象及检测隐藏进程。

5）垃圾邮件防护，方法包括域名信誉、IP 信誉、发件人身份验证、灰名单技术、图片过滤、完整性分析、启发式检测及黑名单和白名单。

4. 漏洞扫描系统

漏洞扫描系统可以对关键服务器系统和网络系统安全的潜在威胁进行分析，发现系统的漏洞和弱点，提出建议补救措施供网络管理者参考，其功能如下所述。

1）根据用户制定的安全策略，对系统在模拟黑客入侵的情况下对系统的脆弱性进行扫描，准确详细地报告系统当前存在的弱点和漏洞。

2）详细报告系统信息和对外提供的服务信息。

3）针对系统存在的漏洞和弱点，给用户提出改进建议、措施和安全策略。

4）在扫描分析目标系统后，生成完整的安全性分析报告。

5. 安全审计系统

安全审计系统是对网络或指定系统的使用状态进行跟踪记录和综合管理的工具，对网络或指定系统进行动态实时监控，完成访问和操作等相关日志信息的收集、分析和审计，及时发现和控制来自内部或外部的安全风险，并提供安全事件的取证。

6. 流量监控系统

流量监控系统是对网络流量，特别是校园网出口流量和带宽进行管理和控制的软硬件一体化系统，包括网络流量监控、网络流量行为监控、流量和带宽管理策略的设置等主要功能，主要是实现较为精细的流量管理，优化网络应用和服务，实现网络带宽的有效利用，提高网络和应用的服务质量等。

7. 上网行为管理系统

上网行为管理系统是对网络带宽资源进行优化，管理、控制并详细记录校园网用户的网络行为的软硬件一体化系统，具备上网日志存储管理、网络用户行为分析、网页访问过滤、上网应用管理、信息收发审计等功能。

8. Web 应用防火墙

Web 应用防火墙用于保护 Web 应用服务器免受攻击，有效阻止对服务器和应用带来的威胁，其功能包括主动防御、挂马监测、用户访问保护、漏洞攻击防护、网络攻击防护及流量整形等。

2.7 实训 2 调查本校校园网络现状

1. 实训目的
（1）了解本校校园网络的现状及主要功能。
（2）熟悉本校校园网络的拓扑结构。
（3）掌握校园无线局域网络的设计要点。

2. 实训场地
参观本校的校园网络中心。

3. 实训步骤与内容
（1）提前与网络中心取得联系，做好参观准备。
（2）分小组轮流进行参观。
（3）由教师或学校网络中心有关人员为学生讲解本校校网络现状及主要功能。
（4）实地考察校园网络的拓扑结构与楼栋光交换机。

4. 实训报告
写出实训报告，包括参观收获、发现的问题及提出好的建议。

2.8 思考题

（1）什么是校园网络？它有哪些功能？
（2）画出本校光纤宽带网的网络拓扑结构。
（3）校园无线局域网络的设计要点有哪些？
（4）无线传感器网络的组成与网络结构是什么？
（5）网络管理与网络安全的含义是什么？

第3章　智慧校园数据中心建设

本章要点

- 熟悉数据中心的建设目标与原则
- 熟悉数据中心的组成
- 熟悉数据中心建设标准与规范
- 熟悉数据中心的主要功能
- 掌握数据中心机房建设
- 熟悉数据信息安全体系建设

3.1　数据中心的建设目标与原则

3.1.1　建设目标

数据中心是指为集中放置的电子信息设备提供运行环境的建筑场所，可以是一栋或几栋建筑物，也可以是一栋建筑物的一部分，包括主机房、辅助区、支持区和行政管理区等。

数据中心的建设目标是建设安全、节能、高效的机房环境，构建高性能、高可用性、高安全性的网络系统、主机（服务器）系统、存储系统、数据备份和容灾系统及数据库系统等，为信息服务和信息化应用提供良好的支撑环境。

如果单从信息服务和信息化应用方面来讲，高职院校的数据中心建设，应实现下列目标。

1）建设集成权威数据的数据中心，将分散在各部门业务系统的数据集中到数据中心统一存放，提供共享的人事、教学、科研、公共资产、财务及信息服务等综合数据，为全校师生提供全方位的信息服务，为后续开发各种应用系统提供通用的数据库平台。

2）建设为应用提供数据交换和共享服务的数据中心。数据中心将为各业务系统提供数据交换的支撑，将数据集成中心库的数据分发到各业务系统，实现数据的统一集成和标准化，为各个业务系统提供便捷的数据访问服务。

3）建设能提供决策支持数据的数据中心。数据中心将提供辅助决策支持服务，实现相关业务数据的分析、汇总，为决策提供清晰、直观的信息依据和综合信息查询功能。

3.1.2　建设原则

1. 实用原则

为了提升系统整体的性能，整个系统的构建不仅要便于用户的使用，还要便于后期维护与管理。在系统交互界面能提供简单、直观的中文交互界面，便于用户使用及后期维护，并且整个系统设计具有按需分配的特点，是具有弹性的资源整合平台，系统具有高效率、高实用的特点。

2. 先进原则

系统在设计环节需要依托超前思维来引导，不仅要有先进的技术条件，还要注重思维方面的科学性，只有科学的技术搭配恰当的方法才能发挥出最大的效益。整个系统要充分体现时代的先进技术，具备时代特征，还要具有较大的提升空间，这样才能保证系统在未来发展时期也具备上升的空间，为后期的进一步发展创造有利的条件。

3. 稳定原则

在确保技术先进性的同时，还需要立足于系统整体的架构，结合相关的技术措施，着眼于系统的管理与维护，不断提升整个系统的稳定性，使系统在具体的运行环节能够克服相应的障碍时间。

4. 开放和利旧原则

应用平台应该具备较强的开放性，依托先进的技术构建起标准化的平台，使得与系统相关的环境以及操作平台都能够有效地衔接，充分发挥系统的综合效应。

同时要考虑到学校现有硬件设备及未来扩展，应用平台的开放接口可全面融合现有硬件，再通过虚拟化技术将计算、存储、网络形成资源池，具有可充分利用、全面开放的特点。

5. 安全保密原则

对于具体的应用平台而言，在构建环节需要注重信息资源的共享性，对信息资源进行相应的防护，对于差异化的运用环境，采取针对性的措施，具体涵盖系统安全体制以及数据读取权限设置等多个方面。

6. 便于维护管理

从综合应用平台来看，数据中心涵盖多个复杂的小体系，为减少日常维护管理的成本与负担，所选取的设备需要具备较强的可维护性和管理性。

3.2 数据中心的组成

校园网络数据中心由数据中心机房、网络系统、主机与存储系统、操作系统与数据库系统组成，如图 3-1 所示。

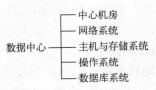

图 3-1　数据中心组成示意图

3.2.1 中心机房

中心机房是指主计算机机房以及人员工作间、设备操作间、电力室、储存室等辅助用房构成的一个建筑物或一个建筑物的部分。

例如某职业技术学院的中心机房分为配电、网络设备、演示、监控等 4 个区域，中心机房配电与网络设备如图 3-2 所示。中心机房有两排整齐排列的黑色机柜，机房的空调为精密空调并从地板向上送风，可以保持恒温、恒湿，数据中心冷通道如图3-3所示。

图3-2 中心机房的配电与网络设备

图3-3 数据中心冷通道

3.2.2 网络系统

网络系统是指上联校园网核心网络设备，下联数据中心的主机（服务器）系统、存储系统、数据备份和容灾系统等的网络系统。

网络系统应采用二层架构（汇聚层、接入层）的星形拓扑结构，汇聚层设备宜采用全千兆中或高端三层交换机，接入层设备宜采用全千兆中端二层交换机。小型数据中心的网络系统可将汇聚层和接入层合并，根据实际情况配置交换机设备。根据数据中心安全实际需求，网络系统可配置独立的防火墙、负载均衡器等设备。

如图3-4所示为中兴ZXR10 3906三层全光口智能以太网交换机，如图3-5所示为全千兆中端二层交换机。

图3-4 中兴ZXR10 3906三层交换机

图3-5 全千兆中端二层交换机

3.2.3 主机与存储系统

主机系统是指在网络环境下提供资源共享、信息处理等服务的专用系统和设备，根据中央处理器（CPU）类型、运算能力和可靠性等，可分为大型机、小型机、个人计算机（PC）服务器等类型。存储系统是指提供信息保存和备份等功能的外置存储系统，一般由存储媒介子系统（如磁盘、磁带）、控制子系统、连接子系统和存储管理软件子系统等部分构成。

主机系统选配标准PC服务器，并根据应用系统的技术和性能要求，可考虑虚拟技术的应用。存储系统可根据实际应用选择存储区域网络（SAN）、网络连接存储（NAS）或混合模式。存储区域网络是指采用网状通道技术，通过光纤通道交换机连接存储阵列和服务器主机，建立专用于数据存储的区域网络，又分为光纤通道存储区域网络（FC SAN）和网络通道存储区域网络（IP SAN）两种存储架构。

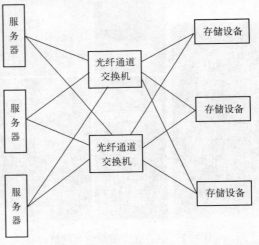

为了适应不同大小的存储系统和不同的应用系统，光纤通道存储区域网络可以设计成不同的拓扑结构，最常见的有环形、星形、网状结构和树形结构。

最常用的光纤通道存储区域网是双星拓扑结构，把存储设备和服务器都连接到两个光纤通道交换机上，两个交换机是一个高可靠性设计。实际上所有设备都同时连接到两个交换机上，如果一个交换机出现故障，另一个能起到连接所有设备的作用，如图3-6所示。

图3-6　双星拓扑结构光纤通道存储区域网络

3.2.4　操作系统

操作系统是衔接计算机硬件系统和软件系统的系统软件（如 Windows、Linux、Unix 等），可称为计算机的"管家"，它使得计算机可以被程序开发者和用户更容易使用。应根据应用和服务的需求及人员队伍的技术现状选择安装适合的操作系统类型。

Windows 是美国微软公司在 1985 年 11 月首次发布的一套操作系统。微软一直在致力于 Windows 操作系统的开发和完善，系统版本从最初的 Windows 1.0 到熟知的 Windows 95、Windows 98、Windows ME、Windows 2000、Windows 2003、Windows XP、Windows Vista、Windows 7、Windows 8、Windows 8.1、Windows 10 及 Windows Server 服务器企业级操作系统，不断持续更新。部分 Windows 操作系统界面如图 3-7 所示。

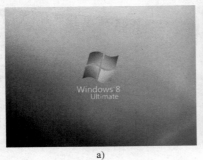 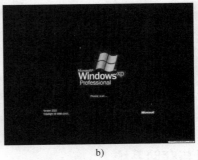

a)　　　　　　　　　　　　　　　b)

图 3-7　部分 Windows 操作系统界面

a）Windows 8　b）Windows XP

UNIX（尤尼斯）操作系统是一个强大的多用户、多任务操作系统，支持多种处理器架构，按照操作系统的分类，属于分时操作系统，最早由 KenThompson、DennisRitchie 和 DouglasMcIlroy 于 1969 年在 AT&T 的贝尔实验室开发。

58

Linux 是一套免费使用和自由传播的类 UNIX 操作系统，是一个基于 POSIX 和 UNIX 的多用户、多任务、支持多线程和多 CPU 的操作系统。它能运行主要的 UNIX 工具软件、应用程序和网络协议，支持 32 位和 64 位硬件。Linux 继承了 UNIX 以网络为核心的设计思想，是一个性能稳定的多用户网络操作系统。

3.2.5 数据库系统

数据库系统是指在计算机系统引入数据库后的系统，一般由数据库、数据库管理系统（及其开发工具）、应用系统等部分组成。其中，数据库是相关数据的集合，数据库管理系统是一种软件系统，使用它可以创建、存储、组织以及从一个或多个数据库查询数据。

3.3 数据中心建设标准和等级划分

3.3.1 数据中心建设标准

1. 数据中心建设流程及相关标准与规范

数据中心建设流程及相关标准与规范如图 3-8 所示。

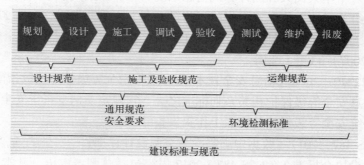

图 3-8 数据中心建设流程及相关标准与规范

2. 已颁布的数据中心建设国家标准与协会标准

（1）GB 50174—2017《数据中心设计规范》

为规范数据中心的设计，确保电子信息系统安全、稳定、可靠地运行，做到技术先进、经济合理、安全适用、节能环保，我国制定了 GB 50174—2017《数据中心设计规范》。该标准适用于新建、改建和扩建的数据中心的设计，提出数据中心的设计应遵循近期建设规模与远期发展规划协调一致的原则。

（2）GB 51195—2016《互联网数据中心工程技术规范》

GB 51195—2016 共分 5 章，主要技术内容包括总则、术语和缩略语、互联网数据中心工程设计、互联网数据中心工程施工和互联网数据中心工程验收。

（3）GB 50462—2015《数据中心基础设施施工及验收规范》

GB 50462—2015 共分 13 章和 9 个附录，主要技术内容包括总则、术语、基本规定、室内装饰装修、配电系统、防雷与接地系统、空调系统、给水排水系统、综合布线及网络系统、监控与安全防范系统、电磁屏蔽系统、综合测试及竣工验收等。

（4）GB/T 32910.3—2016《数据中心 资源利用 第3部分：电能能效要求和测量方法》

GB/T 32910.3—2016 对电能使用效率（EEUE）的测量、计算方法进行了统一的规定，明确提出我国数据中心的电能能效要求，将数据中心按其电能使用效率值的大小分为节能、较节能、合格、较耗能、高耗能共 5 级，为推动我国数据中心行业的绿色健康发展奠定了基础。同时，此标准在充分结合我国国情的基础上，考虑数据中心采用制冷技术、使用负荷率、安全等级、所处地域不同产生的差异而制定了能耗效率值调整模型，通过该调整模型进行不同数据中心的比较，从而形成全国范围内数据中心能效的统一比对标准。此次制定的调整模型不仅在国内处于领先，在国际上也具有原创性。

（5）GB/T 2887—2011《计算机场地通用规范》

为进一步引导计算机场地建设，明确计算机场地技术要求，国家质量监督检验检疫总局与国家标准化管理委员会联合发布了 GB/T 2887—2011，作为推荐性国家标准推广实施。

（6）GB/T 9361—2011《计算机场地安全要求》

GB/T 9361—2011 规定了计算机场地的安全要求，适用于新建、改建和扩建的各类计算机场地。

（7）GB/T 22239—2008《信息安全技术 信息系统安全等级保护基本要求》

该标准依据《中华人民共和国计算机信息系统安全保护条例》（国务院 147 号令）、《国家信息化领导小组关于加强信息安全保障工作的意见》（中办发〔2003〕27 号）、《关于信息安全等级保护工作的实施意见》（公通字〔2004〕66 号）和《信息安全等级保护管理办法》（公通字〔2007〕43 号）制定。

（8）GB/T 22240—2008《信息安全技术 信息系统安全等级保护定级指南》

本标准是信息安全等级保护相关系列标准之一，它规定了信息系统安全等级保护的定级方法，为信息系统安全等级保护的定级工作提供指导。

（9）T/CECS 487—2017《数据中心制冷与空调设计标准》

中国工程建设协会标准 T/CECS 487—2017 内容包括总则、术语、基本规定、室内外设计计算参数、空气调节与气流组织、一般规定、负荷计算、气流组织、空调系统、管道敷设、冷源、冷源选择、系统配置、设备要求、监测与控制、配套设施、供配电、给排水及建筑和装修等。

（10）T/CECS 488—2017《数据中心等级评定标准》

为规范和统一数据中心等级评定方法，提高数据中心设计、施工和运维管理的技术水平，中国工程建设协会制定了协会标准 T/CECS 488—2017。该标准适用于数据中心设计、施工和运维管理成果的等级评定，数据中心的等级评定还应符合国家现行有关标准的规定。

（11）T/CECS 485—2017《数据中心网络布线技术规程》

协会标准 T/CECS 485—2017 由中国工程建设标准化协会信息通信专业委员会会同有关单位组成的编制组，在经过广泛调查研究，认真总结国内数据中心综合布线技术实际应用经验，根据国内数据中心综合布线的技术特点，参考国内外相关的技术标准，并在公开征求意见的基础上制定而成。本规程共分 7 章，主要技术内容包括总则、术语、基本规定、设计、路由与空间设计、网络布线管理及施工与测试验收等。

（12）YD 5003—2014《通信建筑工程设计规范》

为统一、规范各类通信建筑工程设计的基本原则、基本要求和基本方法，使通信建筑工程设计符合技术先进、经济合理、安全适用、确保质量、保护环境及节约能源等要求，工信部制定了通信行业标准 YD5003—2014。该规范适用于新建、扩建、改建的通信建筑工程设计，指出通信建筑工程设计应符合城市建设中规划、环保、节能、消防、抗震、防洪及人防等有关要求；应符合基础设施共享共建的精神，积极实现统一实施、统一管理、统一维护、分户计量。通信基本建设中涉及国防安全的，应执行《电信基本建设贯彻国防要求技术规定》。

3.3.2 数据中心的等级划分

数据中心通常是指实现对数据信息进行集中处理、存储、传输、交换、管理的一个物理空间，一般含有计算机设备、服务器设备、网络设备、通信设备、存储设备等。数据中心的基础设施是指为确保数据中心的关键设备和装置能安全、稳定和可靠运行而设计配置的基础工程，也称机房工程，数据中心机房工程的建设不仅要为数据中心中的系统设备运营管理和数据信息安全提供保障环境，还要为工作人员创造健康适宜的工作环境。

GB 50174—2017《数据中心设计规范》将数据中心划分为 A、B、C 三级，A 级为"容错"系统，可靠性和可用性等级最高；B 级为"冗余"系统，可靠性和可用性等级居中；C 级为满足基本需要，可靠性和可用性等级最低。

A 级"容错"系统是指在系统运行期间，其场地设备不应因操作失误、设备故障、外电源中断、维护和检修而导致电子信息系统运行中断。A 级是最高级别，主要是指涉及国计民生的机房设计，其电子信息系统运行中断将造成重大的经济损或造成公共场所秩序严重混乱。如金融行业、国家气象台、国家级信息中心、重要的军事部门、交通指挥调度中心、广播电台、电视台、应急指挥中心、邮政、电信等行业的数据中心及企业认为重要的数据中心等都属 A 级数据中心。

B 级"冗余"系统是指在系统运行期间，其场地设备在冗余能力范围内，不应因设备故障而导致电子信息系统运行中断，其电子信息系统运行中断将造成较大的经济损失或造成公共场所秩序混乱，如科研院所、学校、博物馆、档案馆、会展中心及政府办公楼等的数据中心。

C 级为基本型，是指在场地设备正常运行情况下，应保证电子信息系统运行不中断。A 级或 B 级范围之外的电子信息系统机房都属 C 级。

高职院校的数据中心一般应按照 B 级标准进行建设，有关数据中心各等级更具体的性能要求及评定方法，读者可参看相关国家标准与协会标准。

3.4 数据中心的主要功能

3.4.1 数据采集

1. 数据采集的定义

数据采集又称数据获取，是利用一种装置，从系统外部采集数据，并输入到系统内部的一个接口。数据采集是数据中心的核心业务，主要通过数据访问接口实现数据的共享传输。智慧校园各应用系统的数据接口方式可能不同，如果有些应用系统没有采用 Web Service 技术进行开发，需要开发相应的数据交换接口程序来实现与数据中心间的数据传输。

数据采集是实现数据集成、数据交换的前提，系统管理员可以灵活地选择数据采集源，可以是某个信息化应用系统的数据采集，也可以是某类主题的数据采集，采集的时间、数据的生命周期等都可以灵活设置。

2. 数据采集的原则

数据采集的原则如下。

1）按需采集。并不是所有数据都要采集，数据中心主要用来保存公共信息，实现信息在不同系统间的共享交流，同时避免给数据库服务器带来不必要的压力，因此，务必按照需求来采集数据。

2）数据一致。为了实现数据的共享，数据的一致性是必需的。因此，在数据更新的过程中，务必进行数据一致性检验，避免数据不一致给后期应用带来麻烦。

3. 数据采集的规则

高职院校智慧校园的数据采集分为主动采集和自动采集两类。

1）主动采集规则：智慧校园信息化平台涉及的相关数据项都应源于学校实际情况或各部门出具的证明文件，其他非权威数据不做采用。智慧校园信息化平台提供统一的数据采集服务和交换接口服务，应能够按需定制数据采集模板，按需采集和交换数据；教师、学生、行政管理、后勤等人员应按照学院要求，由相关业务部门牵头，二级学院（系部）组织，使用智慧校园信息化平台填报数据。

2）自动采集数据的规则：由业务部门确定各数据项的源头、格式和属性；平台设置自动采集规则，包括采集时间、源数据位置、目标数据位置、出错处理等；平台运行过程中，按照采集规则自动采集相关数据至智慧校园数据中心。

例如教学工作量采集，宜根据教务、科研、学工、产学研等部门的数据接口，快速生成数据采集 App。数据采集的示意图如图 3-9 所示。

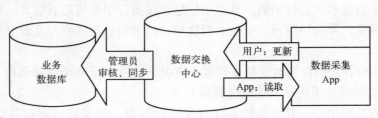

图 3-9　数据采集示意图

4. 数据采集的技术

智慧校园常用的数据采集技术有物联网感知技术（采集设备状态数据和学生体质数据）、视频监控技术（采集校园安全数据）、智能录播技术（采集课堂教学数据）、网评网阅技术（采集学生考试成绩数据）、点阵数码笔技术（采集各种作业、练习、考试数据）、拍照搜题技术（采集学生作业练习数据）、情感识别技术（采集学生学习过程中的情感数据）、移动 App 技术（采集各种移动学习过程数据）、校园一卡通技术（采集各种校园生活数据）及智能可穿戴技术（采集个性生理数据与学习行为数据）等。

3.4.2 数据管理

数据管理包括元数据管理、内容管理、主题管理与数据安全管理等。

1. 元数据管理

元数据是关于数据的数据，即数据的内容、质量、状况和其他特性信息，也可称为描述数据或诠释数据。对应数据库所管理的数据内容，每种数据都应有元数据说明。

建立智慧校园元数据标准的目的是提供一个智慧校园数据集的过程，以便判断确定所拥有的数据集的质量信息，为数据的维护和更新提供支持。

（1）元数据的作用

元数据的主要作用应包含以下几方面。

1）描述数据，可用于描述信息资源的高度结构化数据。通过建立元数据，可提供统一的数据字典，作为应用的基础。

2）管理和组织数据，智慧校园信息化系统运行后，数据更新频繁，通过建立元数据，可方便对外交换和对内查询使用，并对数据进行统一管理和组织。

3）查询检索，提供有关智慧校园数据的数据类型、数据内容、收集日期等方面的信息，便于各类用户查询检索。

4）提供统一的元数据标准，以利于数据交换和传输，促进数据共享。

5）满足数据分析的需求。

6）满足系统完整性和可扩展性需求。

7）满足浏览查错功能需求。

8）生成程序，如果允许访问元数据，则利用关于结构的信息自动生成可实现某些特殊功能的程序，如数据库查询的优化处理等。

（2）元数据管理内容

元数据管理内容包括以下几方面。

1）表的注册。对表名进行中文注释，并对该表进行详细的描述。共享数据中心中的表数量非常多，而且涉及学校的各个方面，表的注册就是为智慧共享数据中心建立档案，供访问者查阅。

2）字段注册。与表注册一样，字段注册也是为共享数据中心的数据结构建立档案，供访问者查阅。

3）更新数据库结构。为了适应学校信息化的发展，做到与时俱进，面对数据标准的错误或者误差，更新数据库结构是必要的。但因为更新时牵连极大，须万分小心，不到万不得已不能更改，更改的原则是对于未使用的表可以更新、新增、删除字段信息，对于已经使用的表只能做新增操作。

另外，在元数据的管理中还涉及元数据的分类，根据信息子集的分类，可以将标准库分成业务人员熟悉的种类，以方便查找。对于某些需要特别关心的数据，可以进行 Check Point 记录，以便跟踪和统计，这主要是针对一些敏感数据，需要知道其来龙去脉，有哪些人在哪些时间进行了哪些操作，记录下来以便后查。

2. 内容管理

数据中心是一个海量信息的聚集地，内容管理负责对数据中心所有资源的管理，资源主要包括网络课程资源、教学资源、教育管理信息等。内容管理的主要功能包括内容的增、删、查、改、导、审等，具体功能包括网络课程管理、教学资源管理、教育管理信息管理（主要对教育管理类信息，如财务信息、人事信息、课题信息、设备等进行集中管理）等。

3. 主题管理

主题管理包括主题库的建立和主题对象的管理，针对某一主题，其相关信息一般并不是从唯一一个库里面获取，要全面利用信息，就需要构建一个综合性的主题库。例如，对于一个教师可形成一个数据主题，集成与该教师相关的信息，人事管理系统中有基本信息、档案信息、工资信息、异动信息等信息与该教师相关，可以将这些信息数据归入教师主题之中。以此类推，科研管理系统和教务管理系统中的教师相关信息数据也可集成过来，最终形成一个用户自定义的完整的教师主题。

对于主题对象的管理包括以下几方面。

1）主题对象生成。根据应用的访问权限，对于其可以访问的表的操作进行封装，建立对象以后对数据库的访问都通过对象实现，对象最终关联 SQL 语句。

2）对象权限管理。划分用户对主题对象的访问权限。

3）主题对象查看。查看对象对应的应用和对象名、对象对应的 SQL 语句、对象对应的 xml 文件格式、访问的 Web Service 的 WSDL 地址等。

4）主题对象展示。根据用户的访问权限，图形化展示对象和对象查看的内容。

5）我的数据库。根据用户的访问权限，展示元数据表、字段以及表中的数据、Check Point 记录，并且可以导出数据库里面的数据。

4. 数据安全管理

数据安全管理主要负责系统数据的安全保密，是系统配置与管理中最重要的一环。数据中心对数据的备份策略、恢复机制、加密策略、数据清理等都有很高的要求。

1）数据备份。数据备份是所有应用系统安全防护的第一步，管理员可以手动配置数据库备份的方式、频率、位置以及备份的技术（如数据镜像复制技术、虚拟存储技术、快照技术、SAN 技术等），还可以设置备份的时间、策略等。

2）数据恢复。管理员可以在平台中手动恢复数据库。

3）数据加密。管理员可以选择数据加密的方式（MD5、RSA、IDEA、DES 等），敏感数据通过密文的方式在网上传输。

4）密码设置策略。密码的长度和复杂度会影响密码的安全性，管理员可以设置注册用户的密码长度、密码字符的类型等，以加强用户密码安全管理。

5）验证码策略。为防止恶意批量注册，系统能自动生成 JPG 格式验证码，图片里加上一些干扰像素（防止 OCR），由用户肉眼识别其中的验证码信息（随机英文字母+随机颜色+随机图像+随机位置+随机长度）。

6）数据清理。数据中心的数据纷繁复杂，难免会有数据冗余，因此，系统要能够实现定期的数据冗余检查，发现冗余数据即时清理。另外，对于已经过时的陈旧数据，系统要能够自动删除，以节省存储空间。

3.4.3　数据交换

数据交换的作用是实现各个高职院校以及各教育信息业务系统之间的数据交换，使业务数据可以实现网上流转、网上申请与业务办理。数据交换是分布式信息服务系统不同部分之间的核心通信接口,其目的是为不同的应用系统提供安全可靠的、基于消息的通信和数据交换服务。不同的应用系统通过数据交互平台进行信息数据的交互和共享,从而集成为一个功能更加强大的复杂系统。

数据中心的建设最重要的意义在于数据共享,数据交换正是达到这一目标所必不可少的技术手段,通过建设数据交换平台可以实现不同应用系统之间不同数据源的数据交换。从功能需求上看,数据中心具有如下关键数据交换功能模块。

（1）应用系统与数据交换平台的交换接口

数据交换接口采用 Web Service 形式或 JMS 客户端的形式提供服务,各个应用系统通过数据交换接口实现与数据交换平台的松散耦合,并且通过数据交换平台实现与其他应用系统的数据交换。不同业务部门和学校之间业务的数据交换,包括水平及跨地域的数据交换都是通过数据访问接口来实现的。

（2）数据交换平台对数据的传输和处理

数据交换平台要处理来自各种应用的请求任务,通过路由计算、地址解析、任务处理、格式转换等完成数据的交换。同时,数据交换平台还要管理各种系统配置信息、路由信息,并对系统进行实时监控,保障交换的顺畅进行。

（3）数据交换平台与消息中间件

数据交换平台的核心处理功能是在消息中间件的基础上实现的,数据交换平台和消息中间件应遵循标准的 JMS 规范,实现数据交换平台与消息中间件之间的松散耦合。即数据交换平台支持符合 JMS 规范的消息中间件产品,从而保证系统的可迁移性和扩展性。

数据交换主要包括获取数据和更新数据两类,根据这两类数据交换,数据中心中定义了两种数据交换模式,即"请求-应答模式"和"发布-预约模式",如图 3-10 所示。

"请求-应答模式"是指当一方需要数据时,即制作一个请求报文发送给数据交换中心,中心将请求报文转发给应答方,应答方即反馈一个应答报文,并通过中心转发给原请求方,如图 3-10a 所示。

"发布-预约模式"是指当应用程序更新本地数据后即制作一个事件报文发送给数据交换中心,数据中心负责将该事件报文发布给所有关心该数据的其他系统,实现数据的及时更新,如图 3-10b 所示。

（4）数据交换平台建设

数据交换平台的功能是提供数据交换的解决方案,提供数据交换工具、数据服务接口、数据导入/导出工具;提供异构数据源的适配器,支持结构化、半结构化、非结构化数据源。

数据交换应具有灵活的交换方式与多种触发机制,能根据业务需求以同步或异步、实时或定时、数据单向和双向方式实现数据的交换及推送,并保证各应用系统数据交换和共享的一致性、准确性。

统一数据交换平台实现了与各系统的有机结合,可以提供专业的数据抽取、数据清洗、数据转换、数据装载、数据监控的 ETL 数据处理服务,同时支持数据自动同步、历史数据迁移等,实现了"统一标准,统一交换"的构想。它是一个为不同数据库、不同数据格式之间进行数据交换而提供服务的平台,如图 3-11 所示。

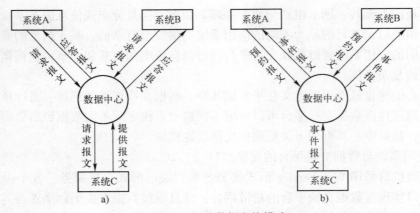

图 3-10 两种数据交换模式

a) 请求-应答模式 b) 发布-预约模式

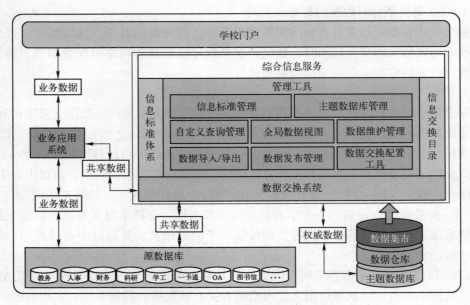

图 3-11 统一数据交换平台示意图

3.4.4 数据存储

数据存储是数据中心的主要功能之一，它是数据流在加工过程中产生的临时文件或加工过程中需要查找的信息。数据以某种格式记录在计算机内部或外部存储介质上。数据存储要命名，这种命名要反映信息特征的组成含义。在数据中心，数据存储通常用各种数据库来反映系统中静止的数据，表现出静态数据的特征。

数据库是依照某种数据模型组织起来存放在二级存储器中的数据集合，这种数据集合尽可能不重复，以最优方式为某个特定组织的多种应用服务，其数据结构独立于使用它的应用程序，对数据的增、删、改、查由统一软件进行管理和控制。从发展历史看，数据库是数据管理的高级阶段，是由文件管理系统发展起来的。

数据库是一个单位或一个应用领域的通用数据处理系统，它存储的是属于企业和事业部门、团体和个人的有关数据的集合。数据库中的数据是从全局观点出发建立的，按一定的数据模型进行组织、描述和存储。其结构基于数据间的自然联系，从而可提供一切必要的存取路径，且数据不再针对某一应用，而是面向全组织，具有整体的结构化特征。

数据库中的数据是为众多用户共享其信息而建立的，已经摆脱了具体程序的限制和制约。不同的用户可以按各自的用法使用数据库中的数据；多个用户可以同时共享数据库中的数据资源，即不同的用户可以同时存取数据库中的同一个数据。数据共享性不仅满足了各用户对信息内容的要求，同时也满足了各用户之间通信的要求。

智慧校园对数据库的设计应能够存放智慧校园各种类型的数据，并且能够在相关界面下调度和浏览，一般应满足以下几点。

1）在既定规范的情况下设计结构尽量简洁明了。

2）统一考虑各项数据的组织关系和存储模式。

3）实现数据内容和配置数据的分离。

4）当数据量增大到一定程度时，数据访问速度不会随数据量的增长而衰减。

5）数据结构应设计合理，易于数据迁移。

6）有效的数据备份和恢复策略。

7）完善的数据管理功能，包括但不限于元数据管理、数据字典，数据校验、权限管理、日志管理、历史数据管理及流量统计等。

8）完善的数据安全管理制度。

某高职院校数据中心的主题数据库结构如图 3-12 所示。

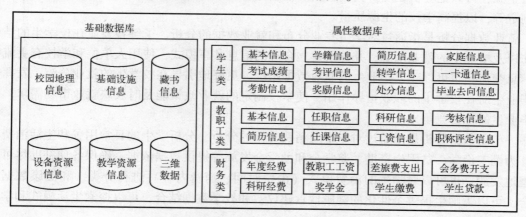

图 3-12　某高职院校数据中心的主题数据库结构示意图

3.4.5　数据处理

数据处理的基本目的是从大量的、可能是杂乱无章的、难以理解的数据中抽取并推导出对于某些特定的人们来说有价值、有意义的数据。

数据处理离不开软件的支持，数据处理软件包括用以书写处理程序的各种程序设计语言及其编译程序、管理数据的文件系统和数据库系统以及各种数据处理方法的应用软件包。为了保证数据安全可靠，还要有一整套数据安全保密的技术。

数据处理主要有 4 种分类方式，一是根据处理设备的结构方式不同，分为联机处理方式和脱机处理方式；二是根据数据处理时间的分配方式不同，分为批处理方式、分时处理方式和实时处理方式；三是根据数据处理空间的分布方式不同，分为集中式处理方式和分布式处理方式；四是根据计算机中央处理器的工作方式不同，分为单道作业处理方式、多道作业处理方式和交互式处理方式。

数据处理对数据（包括数值的和非数值的）进行分析和加工的技术过程包括对各种原始数据的分析、整理、计算、编辑等加工和处理，比数据分析含义广。

智慧校园数据中心对数据的处理注意以下几点。

1）应根据不同用户的需求设置不同的数据分析模型，包括但不限于模型定义、统计数据项设置、引用数据项设置、采样范围等。

2）应根据数据分析模型定义，借助数据交换工具，建立各种面向主题的数据仓库（数据集市），实现数据聚合。

3）应提供报表展示、即时查询、数据分析和数据挖掘等数据应用接口。

3.4.6　数据分析模型

数据分析模型包括生源数据分析、就业数据分析、一卡通数据分析、教学数据分析、图书借阅数据分析等。

生源数据分析是指根据各地区新生的报到率和在校的学习表现，调整生源地分布和招生策略。在分析过程中，针对省内生源，可以把生源地分析粒度缩小到县、镇甚至校级；针对外省生源，可以把分析粒度扩大到省级。根据分析结果指导招生部门开展考前宣讲、优惠政策制定等，以提高学校的生源质量。

就业数据分析是指通过对学生专业分布和就业数据的分析，了解各专业在校学生的结构分布以及毕业生的就业动态，并探索建立合理的信息共享模式，使用人单位和学校有更流畅的信息交流。也可以建立毕业生的职业数据跟踪，更好地引导在校学生的就业分流，发挥优秀毕业生对在校学生的职业指导作用，使学校制定的就业政策能及时反映就业市场需求，提高毕业生的社会竞争力。

一卡通数据分析是指通过对一卡通消费数据的分析，分析学生的日常用餐和生活消费模式，为勤工俭学、贫困生资助、奖学金和助学金发放等提供数据依据，确保各项补助尽可能合理地发放；也可以对学生的消费模式（消费时间、消费内容）进行分类。和健康数据相结合，可以为师生提供个性化的健康饮食建议；和教学数据结合，可以探索生活模式和学业成绩的相关度。

教学数据分析是指在教学数据中，通过教室安排和排课系统，对全校的教室和实验室资源进行统计分析，为教务处的排课优化提供参考；通过对教务和学工系统数据的集成，对学生到课率和选课信息进行跟踪统计，建立起缺课预警通知系统，为部分经常旷课、迟到、早退的学生，及时提供告警或其他信息反馈，引导学生顺利完成学业。也可以对学习表现（到课率、课堂表现等）和学业成绩进行相关度分析，以帮助各专业识别关键课程甚至关键课时，及时改革课程设置，提高教学的有效性。

图书借阅数据分析是指通过对图书借阅和电子阅览室使用数据的分析，了解学生的阅读模式和阅读频率，以及对数字资源的内容需求，为调整图书的类型和改进阅读服务提供依据；可以对学生阅读内容、阅读数量、借阅习惯和学业状况、能力表现进行相关性分析，以便更好地引导学生阅读书籍，向学生推荐书籍。

3.4.7 动态报表

报表是教育信息的流通方式之一，以前由于各应用系统的相互独立与隔离，造成报表定制过多地依赖手工操作，数据库间字段结构的差异也导致报表信息不断地重复输入。因此，灵活的、按需定制的动态报表也是数据中心的主要功能之一。

动态报表可实现以下具体功能。

1）报表定制。相关数据管理员可按照上级部门的报表要求，选择合适的字段信息，自由定制报表的内容和样式。

2）报表预览。对于定制完成的电子报表，用户可以预览查看。

3）报表导出。定制完成的报表可以导出本地保存，或直接通过网络传送报表数据包至上级部门管理系统。

4）报表打印。通过网络打印机直接将定制完成的报表打印出来，以作备案。

3.5 数据中心机房建设

3.5.1 选址原则

根据 GB 50174—2017《数据中心设计规范》，数据中心选址应符合以下要求。

1）电力供给应充足可靠，通信应快速畅通，交通应便捷。

2）采用水蒸发冷却方式制冷的数据中心，水源应充足。

3）自然环境应清洁，环境温度应有利于节约能源。

4）应远离产生粉尘、油烟、有害气体以及生产或贮存具有腐蚀性、易燃、易爆物品的场所。

5）应远离水灾、地震等自然灾害隐患区域。

6）远离强振源和强噪声源。

7）避开强电磁场干扰。

8）A 级数据中心不宜建在公共停车库的正上方。在电子信息设备停机条件下，主机房地板表面垂直及水平方向的振动加速度不应大于 $500\,\mathrm{mm/s^2}$。

9）大中型数据中心不宜建在住宅小区和商业区内。

设置在建筑物内局部区域的数据中心，在确定主机房的位置时，应对安全、设备运输、管线敷设、雷电感应、结构荷载、水患及空调系统室外设备的安装位置等问题进行综合分析和经济比较。

3.5.2 设备布置

数据中心的设备布置应符合国家标准有关规定，做到以下几点。

1）数据中心内的各类设备应根据工艺设计进行布置，应满足系统运行、运行管理、人员操作和安全、设备和物料运输、设备散热、安装和维护的要求。

2）容错系统中相互备用的设备应布置在不同的物理隔间内，相互备用的管线宜沿不同路径敷设。

3）当机柜（架）内的设备为前进风/后出风冷却方式，且机柜自身结构未采用封闭冷风通道或封闭热风通道方式时，机柜（架）的布置宜采用面对面或背对背方式。

4）主机房内通道与设备间的距离应符合下列规定。

- 用于搬运设备的通道净宽不应小于 1.5 m。
- 面对面布置的机柜（架）正面之间的距离不宜小于 1.2 m。
- 背对背布置的机柜（架）背面之间的距离不宜小于 0.8 m。
- 当需要在机柜（架）侧面和后面维修测试时，机柜（架）与机柜（架）、机柜（架）与墙之间的距离不宜小于 1.0 m。
- 成行排列的机柜（架），其长度超过 6 m 时，两端应设有通道；当两个通道之间的距离超过 15 m 时，在两个通道之间还应增加通道。通道的宽度不宜小于 1 m，局部可为 0.8 m。

3.5.3　供电与照明

1. 机房供电

数据中心的机房供电，根据国家标准的有关规定，应做到以下几点。

1）数据中心应由专用配电变压器或专用回路供电，变压器宜采用干式变压器，变压器宜靠近负荷布置。

2）户外供电线路不宜采用架空方式敷设。

3）数据中心采用交流电源的电子信息设备，其配电系统应采用 TN-S 系统。

4）电子信息设备宜由不间断电源系统供电。不间断电源系统应有自动和手动旁路装置。确定不间断电源系统的基本容量时应留有余量。不间断电源系统的基本容量可按下式计算：

$$E \geqslant 1.2P$$

式中，E——不间断电源系统的基本容量（不包含备份不间断电源系统设备）（kW/kV·A）；

P——电子信息设备的计算负荷（kW/kV·A）。

5）数据中心内采用不间断电源系统供电的空调设备和电子信息设备不应由同一组不间断电源系统供电；测试电子信息设备的电源和电子信息设备的正常工作电源应采用不同的不间断电源系统。

6）电子信息设备的配电宜采用配电列头柜或专用配电母线。采用配电列头柜时，配电列头柜应靠近用电设备安装；采用专用配电母线时，专用配电母线应具有灵活性。

7）交流配电列头柜和交流专用配电母线宜配备瞬态电压浪涌保护器和电源监测装置，并应提供远程通信接口。当输出端中性线与 PE 线之间的电位差不能满足电子信息设备使用要求时，配电系统可装设隔离变压器。

2. 机房照明

数据中心的机房照明，根据国家标准的有关规定，应做到以下几点。

1）主机房和辅助区一般照明的照度标准值应按照 300~500 lx 设计，一般显色指数不宜小于 80。支持区和行政管理区的照度标准值应按 GB 50034—2013《建筑照明设计标准》的有关规定执行。

2）主机房和辅助区内的主要照明光源宜采用高效节能荧光灯，也可采用 LED 灯。荧光灯镇流器的谐波限值应符合 GB17625.1—2016《电磁兼容 限值 谐波电流发射限值》的有关规定，灯具应采取分区、分组的控制措施。

3）辅助区的视觉作业宜采取下列保护措施。

● 视觉作业不宜处在照明光源与眼睛形成的镜面反射角上。

● 辅助区宜采用发光表面积大、亮度低、光扩散性能好的灯具。

● 视觉作业环境内宜采用低光泽的表面材料。

4）照明灯具不宜布置在设备的正上方，工作区域内一般照明的照明均匀度不应小于0.7，非工作区域内的一般照明照度值不宜低于工作区域内一般照明照度值的1/3。

5）主机房和辅助区应设置备用照明，备用照明的照度值不应低于一般照明照度值的10%；有人值守的房间，备用照明的照度值不应低于一般照明照度值的50%；备用照明可为一般照明的一部分。

6）数据中心应设置通道疏散照明及疏散指示标志灯，主机房通道疏散照明的照度值不应低于5 lx，其他区域通道疏散照明的照度值不应低于1 lx。

3.5.4　综合布线

数据中心布线系统应符合 GB 50311—2016《综合布线系统工程设计规范》的有关规定，应符合以下要求。

1）数据中心布线系统应支持数据和语音信号的传输。

2）数据中心布线系统应根据网络架构进行设计。设计范围应包括主机房、辅助区、支持区和行政管理区。主机房宜设置主配线区、中间配线区、水平配线区和设备配线区，也可设置区域配线区。主配线区可设置在主机房的一个专属区域内；占据多个房间或多个楼层的数据中心可在每个房间或每个楼层设置中间配线区；水平配线区可设置在一列或几列机柜的端头或中间位置。

3）承担数据业务的主干和水平子系统应采用 OM3/OM4 多模光缆、单模光缆或 6A 类及以上对绞电缆，传输介质各组成部分的等级应保持一致，并应采用冗余配置。

4）主机房布线系统中，所有屏蔽和非屏蔽对绞线缆宜两端各终接在一个信息模块上，并固定至配线架。所有光缆应连接到单芯或多芯光纤耦合器上，并固定至光纤配线箱。

5）主机房布线系统中 12 芯及以上的光缆主干或水平布线系统宜采用多芯 MPO/MTP 预连接系统。存储网络的布线系统宜采用多芯 MPO/MTP 预连接系统。

6）A 级数据中心宜采用智能布线管理系统对布线系统进行实时智能管理。

7）数据中心布线系统所有线缆的两端、配线架和信息插座应有清晰耐磨的标签。

8）当数据中心的环境要求未达标，或网络安全未达到保密要求，或安装场地不能满足非屏蔽布线系统与其他系统管线或设备的间距要求时，应采用屏蔽布线系统、光缆布线系统或采取其他相应的防护措施。

9）敷设在隐蔽通风空间的缆线材质选型等应根据数据中心的等级，按本规范的有关要求执行。

10）数据中心布线系统与公用电信业务网络互联时，接口配线设备的端口数量和缆线的敷设路由应根据数据中心的等级，并在保证网络出口安全的前提下确定。

11）缆线采用线槽或桥架敷设时，线槽或桥架的高度不宜大于 150 mm，线槽或桥架的安装位置应与建筑装饰、电气、空调、消防等协调一致。当线槽或桥架敷设在主机房天花板下方时，线槽和桥架的顶部距离天花板或其他障碍物不宜小于 300 mm。

12）主机房布线系统中的铜缆与电力电缆或配电母线槽之间的最小间距应根据机柜的容量和线缆保护方式确定，并应符合表 3-1 的规定。

表 3-1　铜缆与电力电缆或配电母线槽之间的最小间距

机柜容量 /(kV·A)	铜缆与电力电缆的敷设关系	铜缆与配电母线槽的敷设关系	最小间距 /mm
≤5	铜缆与电力电缆平行敷设	—	300
	有一方在金属线槽或钢管中敷设，或使用屏蔽铜缆	铜缆与配电母线槽平行敷设	150
	双方各自在金属线槽或钢管中敷设，或使用屏蔽铜缆	铜缆在金属线槽或钢管中敷设，或使用屏蔽铜缆	80
>5	铜缆与电力电缆平行敷设	—	600
	有一方在金属线槽或钢管中敷设，或使用屏蔽铜缆	铜缆与配电母线槽平行敷设	300
	双方各自在金属线槽或钢管中敷设，或使用屏蔽铜缆	铜缆在金属线槽或钢管中敷设，或使用屏蔽铜缆	150

3.5.5　防雷与接地

数据中心的防雷和接地设置，应满足人身安全及电子信息系统正常运行的要求，并应符合现行国家标准 GB 50057—2010《建筑物防雷设计规范》和 GB 50343—2015《建筑物电子信息系统防雷技术规范》的有关规定。根据国家标准有关规定，数据中心的接地应符合以下要求。

1）保护性接地和功能性接地宜共用一组接地装置，其接地电阻应按其中最小值确定。

2）对功能性接地有特殊要求需单独设置接地线的电子信息设备，接地线应与其他接地线绝缘；供电线路与接地线宜同路径敷设。

3）数据中心低压配电系统的接地形式宜采用 TN 系统。

4）数据中心内所有设备的金属外壳、各类金属管道、金属线槽、建筑物金属结构等必须进行等电位联结并接地。

5）电子信息设备等电位联结方式应根据电子信息设备易受干扰的频率及数据中心的等级和规模确定，可采用 S 型、M 型或 SM 混合型。

6）采用 M 型或 SM 混合型等电位联结方式时，主机房应设置等电位联结网格，网格四周应设置等电位联结带，并应通过等电位联结导体将等电位联结带就近与接地汇流排、各类金属管道、金属线槽、建筑物金属结构等进行连接。每台电子信息设备（机柜）应采用两根不同长度的等电位联结导体就近与等电位联结网格连接。

7）等电位联结网格应采用截面积不小于 25 mm² 的铜带或裸铜线，并应在防静电活动地板下构成边长为 0.6~3 m 的矩形网格。

8）等电位联结带、接地线和等电位联结导体的材料和最小截面积，应符合表 3-2 的要求。

表 3-2 等电位联结带、接地线和等电位联结导体的材料和最小截面积

名　称	材料	最小截面积／mm²
等电位联结带	铜	50
利用建筑内的钢筋做接地线	铁	50
单独设置的接地线	铜	25
等电位联结导体（从等电位联结带至接地汇集排或至其他等电位联结带；各接地汇集排之间）	铜	16
等电位联结导体（从机房内各金属装置至等电位联结带或接地汇集排；从机柜至等电位联结网格）	铜	6

9）3~10kV 备用柴油发电机系统中性点接地方式应根据常用电源接地方式及线路的单相接地电容电流数值确定。当常用电源采用非有效接地系统时，柴油发电机系统中性点接地宜采用不接地系统。当常用电源采用有效接地系统时，柴油发电机系统中性点接地可采用不接地系统，也可采用低电阻接地系统。当柴油发电机系统中性点接地采用不接地系统时，应设置接地故障报警。当多台柴油发电机组并列运行，且采用低电阻接地系统时，可采用其中一台机组接地方式。

10）1kV 及以下备用柴油发电机系统中性点接地方式宜与低压配电系统接地方式一致。当多台柴油发电机组并列运行，且低压配电系统中性点直接接地时，多台机组的中性点可经电抗器接地，也可采用其中一台机组接地方式。

3.6　数据信息安全体系建设

3.6.1　安全体系建设依据

数据信息安全是一门涉及计算机科学、网络技术、通信技术、密码技术、信息安全技术、应用数学、数论及信息论等多种学科的综合性学科，包括的范围很广，大到国家军事政治等机密安全，小到如防范商业企业机密泄露、防范青少年对不良信息的浏览、个人信息的泄露等。

安全体系的建设应根据 2007 年公安部、国家保密局、国家密码管理局、国务院信息化工作办公室颁布实施的《信息安全等级保护管理办法》及其配套的《信息系统安全等级保护定级指南》等标准，"平台"的信息系统安全保护等级定为第三级。GB/T 22239—2008《信息安全技术　信息系统安全等级保护基本要求》《信息系统安全等级保护实施指南》约定的信息安全产品包括专业虚拟专用网络（VPN）设备、Web 防火墙、防火墙、上网行为管理、终端杀毒软件网络版及网络防病毒服务器端等。

3.6.2　安全体系建设内容

智慧校园数据中心的信息安全体系建设包括安全管理体系、安全技术防护体系和安全运维体系建设，其中安全技术防护体系又包括物理安全、网络安全、主机安全、应用安全和数据安全等，如图 3-13 所示。

1. 安全管理体系

安全管理体系建设主要包括安全管理、人员管理、密钥管理、身份管理等。

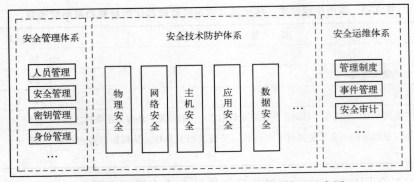

图 3-13　智慧校园数据中心的信息安全体系示意图

2. 安全技术体系

安全技术防护体系的具体要求如下。

1）物理安全：是指从校园网络的物理连接层面进行物理的隔离和保护，包含环境安全和设备安全等部分。

2）网络安全：按照信息等级保护的原则，进行逻辑安全区域的划分和防护，包含结构安全、访问控制、安全审计、边界完整性检查、入侵防范、恶意代码防护以及网络设备要求等部分。

3）主机安全：要求信息系统的计算机服务器等部署在安全的物理环境和网络环境。

4）应用安全：对智慧校园的各应用系统，如科研系统、招生系统、校园一卡通系统、教务系统、财务系统及门户网站等，进行技术防护，免受攻击。

5）数据安全：数据安全包括多个层次，如技术安全、存储安全、传输安全、服务安全等。

数据安全防护系统可保障数据的保密性、完整性和可用性，按照信息系统安全保护等级，可以对数据安全从 3 方面进行防护，即对敏感数据进行加密、保障数据传输安全和建立安全分级身份认证。

3. 安全运维体系

安全运维通常包含如下两层含义。

1）在运维过程中对网络或系统发生的病毒或黑客攻击等安全事件进行定位、防护、排除等运维动作，保障系统不受内、外界侵害。

2）对运维过程中对基础环境、网络、安全、主机、中间件、数据库乃至核心应用系统发生的影响其正常运行的事件（包含关联事件）通称为安全事件，而围绕安全事件、运维人员和信息资产，依据具体流程而展开监控、告警、响应、评估等运行维护活动，称为安全运维服务。

3.6.3 安全体系防护架构

智慧校园数据信息安全防护架构如图 3-14 所示。

智慧校园数据信息安全防护架构包括外网安全防护与内网安全防护。内网防护功能包括互联网协议地址与物理地址静态绑定、物理地址与端口静态绑定、ARP 反向查询、每个 MAC 的互联网协议地址数限制、自动发送免费 ARP 包及为主机代发免费 ARP 包。

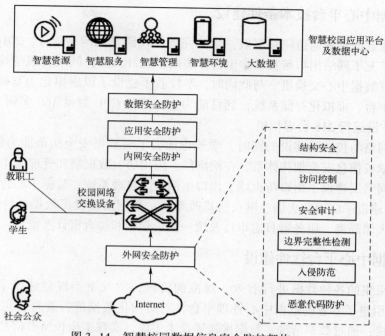

图 3-14 智慧校园数据信息安全防护架构

对于外网的安全防护，需在外网与核心交换设备之间部署相应的防火墙设备，并部署相关策略。外网防护功能包括结构安全、访问控制、安全审计、边界完整性检测、攻击和入侵防范及恶意代码防护等。

1）结构安全。信息网络分域分级，按用户业务划分安全域，并根据安全域支撑的业务，通过有效的路由控制、带宽控制，保障关键业务对网络资源的需求。

2）访问控制。针对互联网对校园网内业务系统访问，执行严格的访问控制策略，可依据源/目标地址、协议、端口，以限制互联网不同级别的终端按照权限访问不同服务器的不同应用，并有效禁止非法的访问。

3）安全审计。提供可视化管理，对信息网络关键节点上的业务访问进行深度识别与全面审计，基于用户、访问行为、系统资源等实施监控措施，提升信息网络的透明度。

4）边界完整性检测。系统具备与第三方终端系统整合的功能，可对非法接入的终端进行识别与阻断。

5）入侵防范。提供基于应用的入侵防范，在实现对攻击行为深度检测的同时，通过应用识别来锁定真实的应用，并以此为基础进行深度的攻击分析，准确、快捷地定位攻击的类型。

6）恶意代码防护。提供基于流的病毒过滤技术，具有病毒检测性能，在边界为用户提供恶意代码过滤的同时，有效保障业务的工作连续性。

3.7 某高校数据中心建设案例

某高校有 3 个校区，占地面积 2444 亩，校舍建筑面积 106 万平方米。学校现有学生 26000 余人。

3.7.1　数据中心平台技术条件建设

为了保障数据传输通道完整有效，学校完善了校园基础网络建设，2014年实现了全校无线覆盖，扩充了网络出口带宽，学生宿舍实现了光纤入户；同时升级学校核心交换设备，配置了云计算数据中心交换机。与此同时，学校着手建设了以虚拟化为基础的校园云服务、超性能计算平台、虚拟化存储系统，到目前为止，该校CPU数量160多颗、1304核，内存7.5TB，已开设运行218台虚拟机。

在进行网络与校园云建设的同时，学校也加大了对数据安全防范能力的建设。2014年建设完成了学校信息安全架构体系，在网络层、应用层、数据层和管理层4个层次上进行了安全建设。网络层建设了出口防火墙、出口上网行为管理系统、数据中心防火墙、数据中心IPS；应用层建设了应用防火墙、网页防篡改系统；数据层建设了数据备份机制；管理层建设了虚拟防火墙隔离、服务器日志审计及统一安全管理和综合审计系统。

3.7.2　数据中心平台软件建设

为了对采集的各种数据进行有效、规范的管理，学校重新规划建设了数据中心系统。2013年学校引进了专业的数据中心管理平台，对结构化数据进行管理，实现了所有应用系统的数据对接；通过数据清洗、数据推送等技术手段，实现了全校所有信息化数据集中统一管理，彻底解决了数据孤岛问题。目前数据中心共有45个业务数据库，全天24小时提供数据资源同步交换服务，共配置数据交换计划165个，平均每天数据交换1500余次，数据交换量接近1000万条。

为了提升数据采集效率，扩大数据采集范围，2013年学校全面升级了数字化校园系统，有针对性地完善了各类业务数据的采集功能，比如在学生工作方面实现了招生、迎新、教务、学工、就业、离校及校友等全部环节的数字化，并将所有数据及时采集到数据中心。

移动版的数字化校园系统既是传统数字化校园系统的必要辅助与补充，也是采集数据的重要方式。例如，学校的移动数字化校园系统中有一个"智慧课堂"功能，其中就有即时评教、摇机点名的功能。学生的评教随时进行，可以对每一堂课进行评教，而不必像之前每个学期才评一次，老师也可以根据即时评教的分析结果来调整自己的教学过程。摇机点名就是学生摇动手机便完成了教师点名工作，可以即时看到学生的出勤情况。评教、点名的本质就是通过移动终端采集数据，这些是进行教学分析的重要数据来源。

另外，充分利用校园卡采集各类活动数据。学校统一规定所有身份识别都必须使用校园卡，如进出校门的车辆道闸、图书借阅、寝室门禁、体能测试、考勤签到及会议管理等，建立遍布校内的师生活动数据的采集网。同时，要求校内商户必须使用校园卡进行消费，这样便能够通过校园卡的数据记录对师生在校内的消费活动进行了解。

3.7.3　数据中心平台结构模型

2015年上半年，学校开始建设基于Hadoop的数据中心平台，制订了标准数据采集流程、数据调度流程，建立了近百个分析挖掘模型，平台结构模型如图3-15所示。

1. 数据采集

创建数据采集业务，确保任务运行时的安全，控制任务的串行、并行、依赖、互斥、执

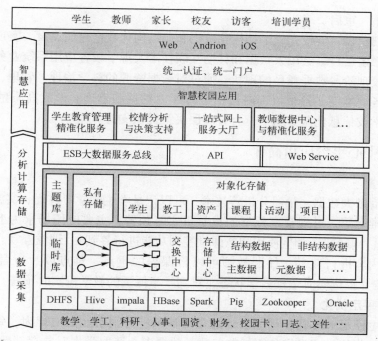

图 3-15　某高校数据中心平台结构模型

行计划、定时、容错、循环、条件分支、远程、负载均衡及自定义条件等各种不同的调度。

2. 分布式存储中心

数据存储模型支持海量结构化和非结构化数据的分布式存储，包括私有存储模型和对象化存储模型。

（1）私有存储模型

针对个人用户（学生、教工、校领导）提供私有云存储服务，支持针对私有云存储空间的文件管理，包括上传、下载、删除、更名、搜索、创建文件夹及分享等。

（2）对象化存储模型

基于对象化存储模型的海量数据存储，实现学生对象、教工对象、宿舍对象、设备对象、科研项目对象、图书对象及课程对象等各种对象的结构化数据和非结构化数据的存储。除对象的基础数据外，还会存储各种对象的生命轨迹数据，对象产生之日，会给该对象颁发一份数字证书，该证书将伴随"数字对象"的整个生命周期。通过数字证书，可以从平台中获取该对象整个生命周期的全部数字信息。

3. 数据管理与分享控制

数据管理与分享控制是一个开放式的数据应用开发平台，建立在采集层与应用层之间，实现对多种数据源的数据进行统一载入、分类、处理及存储，通过 API 库方式对外提供数据订阅和应用接入服务；同时对接入流程进行全程管理和支持，统一并简化了上层应用系统的开发模式；同时管理大数据中心结构化数据，修正结构化数据的元数据。

4. 应用运行监控

应用运行监控的核心资源有处理器、内存、磁盘、事件日志和计数器等，随时监控网络发送字节数、磁盘读写速度、内存可用大小等，同时能够集中管理应用进程和服务（如自动和手动的开始、重启、终止）。

通过一系列建设，学校完成了结构化数据和非结构化数据存储建设，实现了大规模数据处理挖掘集群稳定运行，运用大数据和移动互联技术实现学校各应用系统业务数据的集中接入，突破了学校现阶段数据孤岛的现状。通过对数据资源的科学治理、管理、挖掘、分析等综合利用，从各个维度、各个层面对数据进行深度挖掘和整理，形成高质量的数据展现形式，从而提升学校信息化服务水平，为管理层决策提供支持。

3.7.4 数据中心平台应用简介

1. 智慧课堂

智慧课堂借助大数据、学习分析等技术，可以记录学生的学习过程、实施学情诊断、进行资源的智能推送等，对到堂率低下的教学班实时预警，主要应用场景为上课签到与点名（任课教师发起"点名"，学生使用智慧课堂签到功能进行签到）、课堂互动（学生和任课教师可以就课程内容进行互动，任课教师可以将课程的重点、难点以"留言板"的方式提交）、状态监控（提供实时全校教学状态，对到堂率低下的教学班实时预警）。

2. 贫困生评定优化

构建贫困生评定 KPI 指标体系，通过学习成绩、月消费、上网行为、到堂率、家庭因素等数十项 KPI 指标动态设定贫困指数参数。数据中心获取学生对象存储数据，基于 Spark 分布式计算框架动态计算全校学生贫困 KPI 指数，按照得出的全校学生的贫困 KPI 指数进行排名。KPI 指数因素包括消费、成绩、家庭等。

主要应用场景有贫困生评定（2016 年，通过分析平台发现部分贫困生贫困指数与消费指数不相匹配，部分非贫困学生占用了贫困生名额，学校可以依此优化贫困生评定体系，让真正贫困的学生领取贫困救济金）、体系优化（优化贫困生评定体系，增加月均消费指数比重，同时分析贫困生扶助效果）、专题模型（贫困生总体分析模型分析贫困生消费指数、成绩指数、家庭指数之间的关系；贫困生消费分析模型分析贫困指数与消费指数之间的关系，分析贫困学生受贫困因素的影响而产生的消费行为的变化；贫困生成绩分析模型分析贫困指数与成绩指数之间的关系，分析贫困生受贫困因素的影响造成学习成绩的变化；贫困生家庭分析模型分析贫困指数与家庭收入之间的关系）。

3. 成绩异动监控

通过数据中心平台，对教务成绩数据库的所有日志文件进行数据分析，得出数据修改的经验模型，通过盗取管理员账号、木马植入等各种非正常途径导致的教务成绩数据修改，必定有不符合经验模型的特征出现，依据此判断进行预警监控，若出现异动，及时通过消息推送给相应管理人员的个人移动智慧校园门户。

成绩异动监控基于日志的轨迹数据旁路同步实现敏感异动数据的侦测。系统自定义异常特征库（特征库中涵盖各种异常操作的特征码，如成绩数据从 59 分改成 60 分；凌晨 3:00 以后修改成绩等），数据平台通过特征库侦测敏感数据异常，记录异动轨迹并预警。

具体应用场景：某某学生采用黑客网络攻击方式，于凌晨 3:30 分将一名学生的"计算机原理"课程成绩从 50 分改成了 65 分。教务处管理员立刻收到消息"〔教务成绩异动提醒〕，有一条成绩数据有异动，请查看"。管理员登录系统，查看详细的异动信息，保证了学生成绩数据的安全。

4. 安全预警

对会引起学生安全事故的事件进行提前预警分析，例如长期不在校、病重、严重低消费的学生；用电、用气严重超标的宿舍；长期缺课、挂科的学生。

具体应用场景：辅导员通过平台报警数据，发现某寝室在上课时间段内的能耗明显高于历史平均值，电话或 App 跟学生进行交流，发现学生离开寝室时，大功率加热电器未关。

5. 学业预警

通过数据中心平台采集移动校园门户平台的考勤数据、教务系统的学业数据，对长期缺课、挂科、超过警戒线的学生进行学业预警，将相应的预警消息推送给相关学生和辅导员的个人移动校园门户。

6. 虚拟校园

与专业公司合作，建立全校的虚拟数字校园模型，目前完成了 2.5D 的模型，正在进行真三维的工作，学校的大数据分析结果结合虚拟数字校园进行展示，就显得更为直接了。例如，在虚拟校园里走到教学楼时，会自动统计出该教学楼当前使用状况的分析数据；走到图书馆，会显示出图书馆的基本信息、各类藏书与借阅的数据分析；走到宿舍楼，会自动显示出该宿舍楼的学生来源构成、寝室空置率、能源消耗等相关统计数据。

3.8 实训 3 参观本校数据中心

1. 实训目的

（1）了解校园数据中心建设目标。

（2）熟悉校园数据中心的组成。

（3）掌握校园数据中心的主要功能。

2. 实训场地

参观本校的校园数据中心。

3. 实训步骤与内容

（1）提前与学校数据中心取得联系，做好参观准备。

（2）分小组轮流进行参观。

（3）由教师或学院数据中心有关人员为学生讲解。

4. 实训报告

写出实训报告，包括参观收获、发现的问题及提出好的建议。

3.9 思考题

（1）高职院校数据中心的建设目标是什么？

（2）校园网络数据中心由哪几部分组成？

（3）数据中心的等级是如何划分的？

（4）数据中心的主要功能有哪些？

（5）数据中心机房建设主要包括哪些内容？

第4章 智慧教学基础设施建设

本章要点

- 了解智慧教室定义，熟悉智慧教室的特征
- 熟悉智慧教室的体系架构
- 熟悉智慧实验（实训）综合管理平台的构成
- 熟悉 RFID 智慧图书馆的组成
- 熟悉多媒体教室设备的选购

4.1 智慧教室

4.1.1 智慧教室概述

教室是当前教育形式下学生学习的主要场所。作为最典型、最核心的教学环境，教室正日益从多媒体阶段、网络化阶段进入智慧化阶段。智慧教室是智慧校园的重要组成部分，它能将传播学、心理学、空间设计、教育学、科学技术等相关知识有机地融合在一起，构建更适合学生进行知识探索的学习环境。随着 RFID 技术、云计算、交互式电子白板、智能录播系统等一些先进科技产品、创新技术手段的出现，新的学习理论、教育理念逐渐形成。智慧教室作为一种新型的现代化教学手段，体现了教室环境的智慧、教学应用的智慧、互动学习的智慧，给教育行业带来了新的机遇，是学校信息化发展到一定程度的内在需求，是当今智慧学习时代的必然选择。智慧教室的发展与建设，带动了整个智慧校园的建设。智慧教室场景示例如图 4-1 所示。

图 4-1 智慧教室场景示例图

1. 智慧教室的概念

对于智慧教室概念的界定，国内外的学者基于不同的角度有不同的观点，目前人们对于智慧教室的定义比较有代表性的观点主要有以下几种。

1）智能教室就是一个能够方便对教室所装备的视听、计算机、投影、交互白板等声、光、电设备进行控制和操作，有利于师生无缝接入资源及从事教与学活动，并能适应包括远程教学在内的多种学习方式，以自然的人机交互为特征的，依靠智能空间技术实现的增强型教室。

2）智慧教室应该是一种自适应的学习环境，其核心是以新一代信息技术为手段，捕获、记录、分析学习者的风格，并以此为依据，制定个性化的学习方案，推送差异化的学习内容，使每位学习者均能在各自的起点水平上获得知识、能力、情感的完善与发展，并最终获得智慧。在学习方式上以人（教师、学生）为主体，通过人与环境（设备环境、技术环境、资源环境）的高效互动，促进知识建构，获得能力发展。

3）在传感技术、网络技术、多媒体技术及人工智能技术充分发展的信息时代，教室环境应是一种能优化教学内容呈现、便利学习资源获取、促进课堂交互开展，具有情境感知和环境管理功能的新型教室，这种教室即称为智慧教室。智慧教室是一种典型的智慧学习环境。

4）智慧教室是一个能够方便对教室所装备的视听、计算机、投影、交互白板等声、光、电设备进行控制和操作，利于师生无缝接入资源及从事教与学活动，并能适应包括远程教学在内的多种学习方式，以自然的人机交互为特征，可实现学生个性化和个别化学习，依靠智能交互空间技术增强真实感的教学环境。

5）智慧教室是一种新型的教育形式和现代化的教学手段，它是以物联网技术、云计算技术等为基础，集智慧教学、人员考勤、资产管理、环境智慧调节、视频监控及远程控制于一体的新型现代化的教室系统。

综合上述各种定义，一般认为智慧教室是利用新一代信息技术创建的智慧教学环境，可促进教学的交互多元化、资源共享的个性化，实现学习者的学习和相关技能的提高。智慧教室是为教学活动提供智慧应用服务的教室空间及其软硬件装备的总和，这样的教室具备技术先进、资源广泛、互动性强、教学方式多样等优点，能有效地培养学生的学习热情。

2. 智慧教室的特征

智慧教室区别于传统教室的根本之处就在于其"智慧性"。"智慧性"体现在硬件设备、软件结构和教学方式上，包括情境感知、无缝互通、个性服务与教学创新4个方面。

（1）情境感知

情境感知是智慧教室最基础的"智慧性"特征，它通过各种传感器与信息终端的联接，广泛地感知教室的环境及硬件状况、学习者行为与状态的变化以及课堂教学活动的进展，自适应地为教师的判断、推理与学习提供参考。

具体来说，传感器与信息终端通过对教学环境的感知，发挥其环境智能调控的功能，对光照强度、音量、温度、湿度及气味等实行一体化操作，以适宜和方便教学；通过对面部、语音、手势、位置与运动信息的识别和分类，实现对不同师生需求的自动调节；通过自动记录和动态跟踪课堂上的所有活动，包括学习状态、知识背景以及师生之间的互动情况，便于课下学习、分析，并对教学过程进行科学评价。

（2）无缝互通

无缝互通是指智慧教室通过硬件、云平台与泛在计算等技术，在时间、空间、资源与教学情境上进行灵活拓展。智慧教室通过跨系统、跨平台、跨终端、跨域与跨级的连接实现信息孤岛与多种资源的整合、分享与呈现，以促进教学的有效互动。

智慧教室通过数据共享与系统集成，实现一卡通、教务、资源、安防、监控、门禁等数据的无缝对接；通过硬件设备同无线协作系统的互联，支持师生在不同系统的终端设备上无缝连接，实现信息跨教室、跨级、多终端无线互动、呈现及共享，增强交互式学习体验；在已有信息和感知数据的基础上，对学生的行为、表现、兴趣、参与度等方面的信息进行传递、处理、分析与推断，作为教师决策的依据；通过实现线上与线下、物理空间与数字空间、本地与远程的全面连接，智慧教室在时间、空间以及资源获取方面的限制被大大降低。

（3）个性服务

智慧教室的建设之所以成为一种趋势，原因在于其结构、功能与技术应用方面均体现个性化服务的特点。个性化服务的要义在于提供适配性的教学资源、内容、方法与活动策略，以满足和有效地解决师生间的不同需求问题。

在人与教学环境方面，智慧教室实现了人机的自然交互，整体灯光、色调、温度、课桌椅、网络等的设置都是为实现优质而流畅的教学体验而服务；根据学生的偏好和需求，在线教学资源与教学过程无缝连接，集群推送教学资源或信息；通过不同的技术手段，提供定制服务，灵活地分组呈现教学资源，满足个性化学习的需要；采用一键式的方便操作，促进教学应用与教学活动的高效开展，提高教师的能动性。

（4）教学创新

智慧教室的教学环境发生了巨大的变化，催生出教学模式的创新——从传统的面对面教学模式到基于智能技术的信息化教学模式，这一新模式以在线学习、合作学习、创新性教学及混合式教学等形式为特征。

从教学层面来说，智慧教室具备"高度互动""协作学习""真实情境""个性化教学"等关键特征，教学强调培养学习者解决问题的能力，通过创设虚实学习环境，因材施教，鼓励学习者深度互动、主动学习、积极反思，发挥自我、参与实践。同时，智慧教室关注教学活动的主体，在新技术的支撑下充分彰显了"以人为本"的教育理念。

3. 智慧教室的作用

智慧教室可以进行网络环境下的各种教学，还可以进行教研工作。学生也可以使用智慧教室进行组内学习，讨论学习成果。作为教师和学生互动的主要工具，智慧教室拥有完备的多媒体处理功能，拥有听说读写的各项功能，还可以互动检测学习成果。整个系统可以准确地记录好学生的学习过程和教师的上课过程，教师可以课后观看进行教学上的反思，同时教师也可以观察学生的一举一动。学生可以通过反复观看自己有疑问的地方，达到弥补弱点区域的作用。当然，智慧教室还可以进行网络直播，家长和专家都可以观看教师的教学工作，这对督促教师更好地实施教学也是很有帮助的。其中，合作学习、混合式教学是智慧教育的新趋势，也是智慧教室的主要作用。

（1）合作学习

在智慧教室中，师生可以通过使用各种互联无线终端设备来实现互动协作，促进合作学习。合作学习鼓励学生积极参与学习小组讨论，小组成员之间相互学习，获得平等的学习机会，并真正参与到课堂教学中去。智慧教室的设计以便于学生分组为原则，教师也可以随时加入，以增强组内合作，促进小组之间的互动与交流。值得一提的是，泛在技术的应用使不同背景与不同社会经历的学生之间的知识、观点得以分享、外化，进一步增强了合作学习的体验。

（2）混合式教学

无缝连接的在线教学平台为学生的在线学习提供了丰富的学习资源，赋予学生更多的自由。一方面，学生可以按照自己的需要在智慧教室之外随时进行在线学习；另一方面，师生们可以在智慧教室里相互沟通，促进知识的内化。线上线下相结合的混合式教学模式是当前教育领域研究的重点，也是教育发展的主流趋势。智慧教室综合了线上与线下教育优点，兼顾实用性内容的学习与创新性能力的发展，充分体现了以学生为中心、主动学习、个性化学习的教学理念。

4.1.2　智慧教室的组成

智慧教室一般由硬件设施、软件系统、应用技术等组成，主要包括高清显示、课件录播、视频监控、环境监测、设备管理、音频扩音、集中控制、网络中控 8 个子系统。上述 8 个子系统由中心平台软件统一管控，同时实现与学校已有系统如教学管理系统、资源管理平台、一卡通系统进行信息共享。如图 4-2 所示。

图 4-2　智慧教室的组成示意图

1. 高清显示

高清显示设备包括电子白板触控投影机和 LED 显示面板，使用前者，可在投影画面上操作计算机，在每个桌位上配置问答器，实现师生交互式课堂教学代替了传统的黑板，实现了无尘教学，保护了师生的健康；后者安装在教室前方，用于显示正在上课的课程名称、专业班级、任课教师、到课率和教室内各传感器采集的环境数据。

电子白板触控投影机示例如图 4-3 所示。

2. 课件录播

课件录播设备主要包括高清录播一体机、高清网络球机和音频采集设备。课件录播主要是面向学校等教育机构，核心技术由多媒体技术、计算机网络技术、综合视音频编码技术、数字图像处理技术、流媒体技术及自动控制技术等构成，这些技术全面渗透到精品课堂录播系统。便携式高清录播一体机示例如图 4-4a 所示，高清网络球机示例如图 4-4b 所示。

3. 视频监控

视频监控系统由 WiFi 无线摄像头和配套监控软件构成。视频监控可为安防系统、资产出入库、人员出入情况提供查询依据。在教室前后门口各安装一个 WiFi 无线摄像头，监控人员出入和资产的出入库情况；在教室内安装一个 WiFi 无线摄像头，监控教室内部实时情

图 4-3 电子白板触控投影机

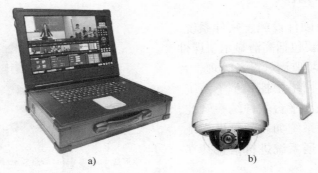

图 4-4 课件录播设备

a) 便携式高清录播一体机 b) 高清网络球机

况，所采集的影像经由远端射频单元传送至终端管理电脑，提供实时的监控数据。

WiFi 无线摄像头示例如图 4-5 所示。

4. 环境监测

环境监测以智慧教室为核心对教室内的物理环境实时全方位监控，将环境因素对课堂的影响降到最低。如空调控制通过温湿度传感器监测室内温湿度，通过分析数据，当室内温湿度高于最高门限值时自动开启空调，当室内温湿度低于最底门限值时自动关闭空调，实现室内温湿度的自动控制；通风换气由抽风机、

图 4-5 WiFi 无线摄像头

a) 座式 b) 挂式

CO_2 传感器和配套监控软件构成，通过 CO_2 传感器监测室内的 CO_2 浓度，通过分析数据，根据软件预设值，当室内 CO_2 浓度高于软件门限值时，则自动开启抽风机进行换气，通过补充室外空气来降低室内 CO_2 的浓度；还有灯光控制，通过人体传感器来判断教室内对应位置是否有人，此位置无人，则灯光控制系统及窗帘控制系统处于关闭状态，反之处于工作状态。

5. 设备管理

设备管理设备包括 RFID 读卡器、纸质标签、抗金属标签和配套控制软件，在教室前后门各安装一个读卡器，对教室内的实验仪器、设备等资产（贴有 RFID 标签，标签上存储设备的详细信息）进行出入教室的监控与管理，如未授权用户把教室内资产带出教室时则进行告警，方便设备管理人员对教室设备统一管理。某款 RFID 读卡器的外形如图 4-6 所示。

图 4-6　某款 RFID 读卡器的外形

6. 音频扩音

智慧教室的音频扩音是整个系统中重要的部分，它以语言扩声为主，音乐扩声为辅。音频扩音子系统一般由扬声器（无线领夹扬声器或手持扬声器）、调音台、均衡器、数字音频处理器、功率放大器和全频音箱组成，其组成框图如图 4-7 所示。

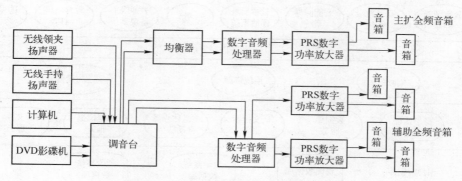

图 4-7　音频扩音子系统组成框图

如果用计算机或 DVD 影碟机播放电子课件，也可通过调音台进行语言扩声。

7. 集中控制

随着录播设备、多屏显示设备、音频设备、视频监控设备、环境监测设备等在智慧教室中的广泛应用，智慧教室的发展趋向于多样性、灵活性和专业性。因此，智慧教室需要一台集中控制器，或称智能物联网控制器，它利用无线传感器网络，采用云计算、物联网技术，对智慧教室的所有设备进行统一管理、统一监控和集中控制，其组成框图如图 4-8 所示。

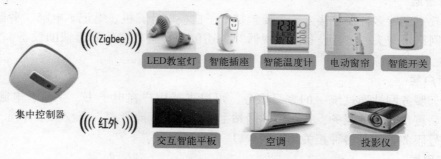

图 4-8　智慧教室集中控制示意图

8. 网络中控

智慧教室的电源、操作台、多媒体设备均可通过 TCP/IP 校园网络在中央控制室远程控制，同时也具备本地控制功能。中央控制室可实时监看所有智慧教室网络中控系统和接入设备的情况，实现远程监测、控制、管理和维护，以便于在系统出现故障时，使用者与管理控制者之间实时沟通，尽快解决故障问题。

4.1.3 智慧教室平台架构

智慧教室平台构架由设备层、用户层、应用层、服务层、数据层、基础层及网络层 7 部分组成，如图 4-9 所示。

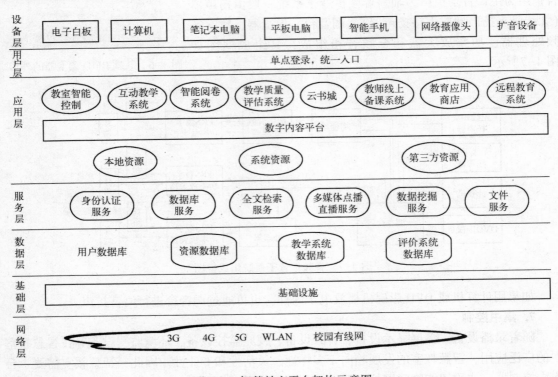

图 4-9 智慧教室平台架构示意图

1. 设备层

智慧教室支持多种设备接入，主要包括电子白板、计算机、笔记本电脑、平板电脑、智能手机、网络摄像头、扩音设备及监视器等，还包含智慧教室的周边辅助设备，如充电柜、网络设备、备用电源等。

2. 用户层

教育云服务网站通过统一的登录服务，可以支持用户在电子书、手机、电脑等终端登录，登录后可享受多种服务，并在门户网站上集合教育资源管理、家校联络管理、学校教学管理、账号服务管理等多种相关功能的入口。

3. 应用层

智慧教室平台应用层按照模块化、独立化原则进行设计，主要包括教室智能控制、互动教学系统、智能阅卷系统、教学质量评估系统、云书城、教师线上备课系统、教育应用商店和远程教育系统。

4. 服务层

服务层提供支撑应用层操作的相关基础服务，包括身份认证服务、数据库服务、全文检索服务、多媒体点播直播服务、数据服务、数据挖掘服务和文件服务。

5. 数据层

智慧教室平台拥有多数据库的支撑，保证了该平台大量资源、账号等数据的可靠性、稳健性及安全性，主要包含用户数据库、资源数据库、教学系统数据库和评价系统数据库。

6. 基础层

基础云服务包括服务器服务、存储服务、网络连接服务。支撑智慧教室平台系统的基础设施可以在云环境中稳定工作。

7. 网络层

网络层提供智慧教室平台需要依赖的基础网络，所涉及的网络有 5G、4G、3G 移动互联网、无线局域网和校园有线网络等。

4.2 智慧实验（实训）室

4.2.1 智慧实验（实训）室概述

实验（实训）是高职院校专业人才培养的重要组成部分，也是构成专业实践教学体系的主要模块。实验（实训）教学是根据专业培养目标和课程的要求，有计划地组织学生以获取感性知识、进行技能训练、培养实践能力为目的的教学形式。

实践教学根据社会的需求和人才发展的需要，有计划、有组织地把科学知识、思维方法、操作技能等传递给学生，培养学生的动手能力，启发他们的创新精神和创造意识。同时培养学生严谨的科学态度和理论联系实际的学风，以调动学生学习的积极性。

智慧实验（实训）室作为智慧校园的重要组成部分，旨在以物联网技术为核心，利用新一代信息技术为广大师生提供一个全面的智能感知实验环境和综合信息服务平台，实现实验室的智能化、安全化、可视化管理，实现资源的互联、人员的互动协作以及实验室设备资源、教学资源、科研资源的高度共享。如图 4-10 所示为某高职院校电气自动化智慧实验室。

具体来讲，智慧实验室就是在传统实验室的基础上，加上物联网技术和智慧化设备，它是基于物联网建立的开放、创新、协作、智能的综合实验室信息服务平台，使教师、学生和管理者全面感知不同的教学资源，获得互动、共享、协作的实验学习和科研工作环境，可以实现教育信息资源的有效采集、分析、应用和服务。智慧实验室的最高阶段就是用户间、实验室间、用户与实验室间、用户与信息资源间的通信都由实验室智慧化地完成，无须人工干预，达到"智慧"状态。

图 4-10　某高职院校电气自动化智慧实验室

4.2.2　智慧实验（实训）室的层次架构

智慧实验（实训）室的层次架构模型采用类似于物联网的三层结构，从下至上依次为感知层、网络层和应用层，如图 4-11 所示。

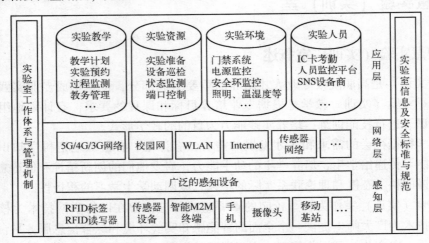

图 4-11　智慧实验（实训）室的层次架构

1. 感知层

智慧实验（实训）室的感知层依靠大量分布于实验室中的感知设备来采集并向网络层传送各类数据信息，这些设备主要包括 RFID 设备、传感器以及智能 M2M 终端等。

RFID 设备集成了 RFID 读写芯片，可以作为感知层的主体，与多种传感器相配合，织构成一张覆盖全实验室的感知网络。其中，低频 RFID 设备可用来进行刷卡考勤、身份识别等，高频 RFID 设备可通过实验室范围内的多标签识别技术，应用在实验设备监管中。同时 RFID 设备可通过有线、无线方式接入实验室网络，将采集到的基础数据上传至服务器。

传感器是感知层必不可少的器件，它能将感知到的各种物理变量（如温度、湿度、距

88

离、压力、电流等）按一定规律转换成可供测量的电信号（数据），再通过传感器网络将数据逐层传递。

智能 M2M 终端通过在终端内部嵌入通信模块，可以利用公用 GPRS/3G/4G/5G 网络为智慧实验（实训）室提供无线长距离数据传输功能，并能完成用户端数据采集、处理和传输等特定业务功能。

摄像头等多媒体网络终端用以辅助传感器型设备，实现了实验室信息管理可视化、立体化。

2. 网络层

网络层作为物联网的中间层，借助于互联网、无线宽带网及电信骨干网，承载着感知数据的接入、传输与运营等重要工作。物联网的网络层可能构建于"多网融合"后的骨干网络之上，也可能是各类专网，所涉及的物联网技术有物联网节点及网关技术、物联网通信技术、物联网接入与组网技术。实验室中现有的校园网、WLAN、移动 3G/4G/5G 网络和为实验室定制搭建的无线传感器网络将成为网络层的主体，各网络实体之间协同工作，各显其能。

3. 应用层

感知层和网络层最终服务于应用层。正是应用层提供的大量可靠、快捷、智能的服务应用，才显示出实验室的智慧性。应用层旨在构建一个多服务综合平台，实现教学管理、资源管理、环境监控等诸多应用的智慧大融合，使得它们集成于统一平台之上，形成开放的实验室系统。

智慧实验室系统平台可以对实验教学、实验资源、实验环境及实验人员等进行可视、集中、高效的管理。学生可以通过平台进行实验预约、查看实训目的、下载学习资源和浏览课程信息，教师可借助平台完成排课、过程监测和考务管理等操作。实验室管理员在平台上可一目了然地掌握实验室各类资源的信息，包括教学设备的状况、设备端口的占用情况以及定期生成的设备巡检报告，大大缩减了实验室管理员的常规工作量。实验室的环境错综复杂，涉及电气、门窗、温湿度等各个方面，对安全性的要求非常高，但传统的以人为主体的安全管理模式下，实验室管理员很难做到心中有数。智慧实验室平台可使这些环境状况集中进行可视化管理，管理员掌控环境信息就不再是难事。实验室最终的服务对象还是人员，但是以往对人员的管理还很薄弱，这里的人员包括通常意义上的教师、学生、SNS 用户、设备商等，对实验室的管理加上对人员的管理便是智慧实验室平台的管理目标。

4.2.3 智慧实验（实训）综合管理平台的构成

智慧实验（实训）综合管理平台主要解决实验室的综合管理（实验室建制、人员队伍、获奖成果、环境与安全、实验室评估及实验室建设）、实践教学（实验排课、开放实验、创新实验、实验室开放、实验成绩、实验考勤、实验预习、实验报告、实验过程、毕业实习及学科竞赛）、实验监控（实验门禁、设备电控、视频监控）、设备仪器（采购、审批、领用、借用、修理及报废等）、耗材低值品（耗材申报、采购、入库、领用及报废等）、大型仪器（仪器共享、仪器开放、仪器培训、仪器授权及仪器预约等）、实验资源（虚拟仿真、教学模拟软件、视频、课件、指导书及文档）、实验办公（课件、讲义、报告、视频、文件、邮件管理、在线交流、答疑及论坛）、报表与统计（人员统计、设备统计、实验室统计、数据上报等教育部规定的 7 张报表）、安全与环境（安全制度、安全评估、安全准入、安全考试）等统一安排管理。智慧实验（实训）综合管理平台构成的拓扑图如图 4-12 所示。

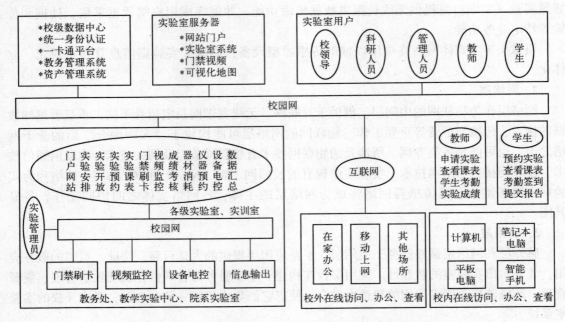

图 4-12　智慧实验（实训）综合管理平台构成的拓扑图

由图 4-12 可知，智慧实验（实训）综合管理平台是一款基于 NET 技术开发的 B/S 架构的在线实验（实训）系统，可以实现教务管理人员、设备管理人员、实验教学中心主任、实验室管理员、老师及学生互动的网络化开放管理平台。整个平台整合了实验室与实践教学及其相关工作的业务流程，其内容涵盖了实验室建设、实验人员、实验用房、实践教学、开放实验、实验室开放、实验预约、实验课表、实验考勤、实验成绩、实验门禁、视频监控、设备耗材、大型仪器、数据上报、实验办公、实验资源及安全准入等元素，是一套信息高度共享、使用方便、功能强大、使用稳定的管理信息系统软件，可极大地提高实验室管理水平和实践教学质量。

智慧实验（实训）综合管理平台主要由软件系统、配套硬件和数据接口 3 部分组成，如图 4-13 所示。

1. 软件系统

软件系统包括实验室网站管理系统、实验教学管理系统、开放实验管理系统、实验室开放管理系统、实验室智能门禁系统、实验室视频电控系统、资产设备管理系统、耗材管理系统、大型仪器共享管理系统、大学生创新项目管理系统、大学生创新基地管理系统、毕业设计智能管理系统、实习实践管理系统、计算机实验室上机管理系统、上网与程序监控系统、多媒体教学系统、实验资源管理平台、可视化三维电子地图、实验室移动终端 App 和实验室微信互动平台。

实验室网站管理系统是用户信息共享平台，主要作用是发布和管理实验中心各种信息及资源。实现统一集成管理链接各专业虚拟仿真教学实验软件资源，统一访问交流使用平台。

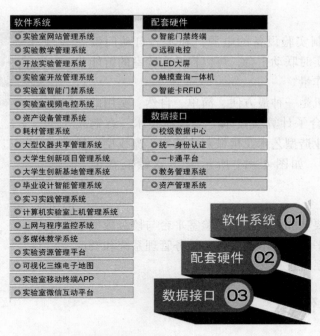

图 4-13　智慧实验（实训）综合管理平台的组成

通过该平台，用户可查看查询各种信息，访问使用各类实验虚拟仿真实训资源，实现统一登录，便于管理。

实验教学管理系统负责实验教学安排及实验教学过程全面信息化管理监控，实现教学实验分批分组智能安排、上课考勤签到、实验过程跟踪监控及实验课程信息汇总统计等。对计算机类实验室，能统一管理平台，并管理跟踪学生上机认证、上机时间、上机内容和上机行为。同时结合视频监控系统可以实现实验室、机房资产、环境安全管理和实验内容的实时动态监控管理，实现对全校多实验室实验教学安排的智能化、科学化、合理化管理。

实验室开放管理系统包括自主实验、开放实验、指定实验等，通过开放实验，改变集中的实验教学，授课时间由教师和学生按照自己的课余时间自主选定，自由度较大，有助于提高学生的自主创新能力、积极性和主动性，提高实验室以及实验设备的使用率。同时结合实验门禁和视频监控对开放实验人员进行智能识别，动态监控实验过程。

实验室智能门禁系统管理进入实验室的人员，只有安排实验课程或预约过实验项目的实验人员在对应的时间段才能通过刷卡/指纹进行身份验证，才能打开实验室的门进入实验室做实验室；并和电源控制系统构成实时联动平台，可实时验证实验人员身份信息，查看实验室的具体情况。

实验室视频电控系统负责实验室内外的视频监控，通过该子系统可动态监控实验室内外情况，加强对实验室的安全监控管理。

资产设备管理系统实现对实验室的设备仪器（设备资产的采购、入库、变动、借出、归还、报废、维修等）进行智能管理。

耗材管理系统实现对实验室的耗材等进行智能管理。

2. 配套硬件

配套硬件包括智能门禁终端、远程电控、LED 大屏显示、触摸查询一体机和 RFID 智能卡。

远程电控是控制实验设备的电源，和实验自动门禁系统、视频监控构成实时联动平台，可以提升实验室的智能化无人管理，减少工作量。

触摸查询一体机是一种最方便、简单、自然、实用的人机交互设备，它集合了计算机技术、多媒体技术、音响技术、网络技术、工业造型艺术及机械制造技术，流线型一体化设计，造型优美。如图 4-14 所示为某款触摸查询一体机。

图 4-14　某款触摸查询一体机

3. 数据接口

数据接口的主要功能是使智慧实验室平台与校级数据中心、统一身份认证平台、一卡通平台、教务管理系统和资产管理系统等第三方系统进行无缝对接。

4.3　智慧图书馆

4.3.1　智慧图书馆概述

1. 智慧图书馆的概念

智慧图书馆是指将新一代信息技术运用到图书馆建设中而形成的一种智能化建筑，它是智能建筑与高度自动化管理的数字图书馆的有机结合和创新，通过物联网技术实现对用户和图书馆的智慧化服务和管理，改造传统意义上的图书馆。

智慧图书馆是一种以数字化、网络化、智能化的信息技术为基本手段的，有着更加高效和便利特点的图书馆运行模式，它是未来新型图书馆的发展模式，能实现广阔的互联以及共享，它以人为本进行智慧化的管理和服务。

综上所述，一般认为智慧图书馆是利用新一代信息技术改变用户和图书馆设施、系统及信息资源交互的方式，以提高交互的明确性、灵活性和响应速度，从而无须人工干预，即可实现智慧化服务和管理。它的出现标志着人们开始将"数字基础架构"与"物理基础设施"相互融合，以一种超越纯技术层面、更加具有人文情怀的理念来重新认识和建设图书馆。

智慧图书馆具有传统数字图书馆的功能，又具有其鲜明的智能化特征。在智慧图书馆的智能空间中，计算与信息融入人们的生活空间，将从根本上改变人们对图书馆的认识——在任何时间、任何场所，人们都能自如地访问信息，并获得智慧化服务。智慧图书馆将"主动"地服务于用户，以实现用户与用户之间、用户与图书馆之间、用户与信息资源之间以及信息资源之间的通信，实现真正意义上无人值守的智慧化服务和管理，实现 7×24 小时的泛在化服务。

2. 智慧图书馆的特征

智慧图书馆是建立在物联网、互联网、数字图书馆基础之上的新型图书馆，实现由知识服务向智慧服务的提升则是智慧图书馆的精髓。其外在特征是在现代信息技术的支持下提供无所不在、无时不在的服务；其内在特征则是提供以人为本的智慧服务，满足读者日益增长与不断变化的需求。图书馆的智慧化是未来图书馆服务技术提升、服务理念创新、管理形态转型的一场革命。概括性归纳，智慧图书馆具备以下 5 个主要特征。

1）场景感知全面覆盖。智慧图书馆采用 RFID 装置、红外感应器、全球定位系统、激光扫描器等各种感知器件，对图书馆中的人、物及场景全面感知。所谓全面感知，就是在数字化、智能化等基础上实现感知信息的全面覆盖，即把各种文献信息和读者、馆员的信息互联在一起，实现馆员和读者的互动，提供文献资料借阅、音乐欣赏等多姿多彩的服务。

2）设备互联互通。在智慧图书馆中，通过互联网、物联网、传感器网等将各种各样的数据采集终端设备连接起来，并可将即时采集到的各种信息通过网络传输到数据中心。通过互联互通，感知对象、管理对象、服务对象等，各个实体之间可以进行通信、交互和会话。

3）服务创新智慧人性。智慧图书馆的服务理念就是坚持以人为本，为读者提供个性化、智能化的服务环境，读者便可以随时、随地享受到图书馆的各种服务。如基于读者个性化信息需求的知识聚类、推送服务；基于大型智慧墙互动展示系统设备提供电子资源、专题资源、政务信息、资讯信息等，与读者之间多维度智能共享与互动；基于智能手机的移动管理服务，实现图书移动流通、定位；利用 RFID 腕带感知少儿读者，触发视频读物、互动娱乐；利用 RFID 腕带感知视障读者，触发视听资料、智能引导等。

4）管理高效灵活便捷。图书馆要实现智慧化，必须有一个高效、便捷的管理系统作为保障，有效协调各个管理对象，包括信息资源、硬件设施环境、用户服务过程、日常运行维护等，收集、加工、整理所有互连的实物与虚物的信息，规范图书馆员工工作流程，并对他们发出及时而科学的指令，使智慧图书馆真正智慧化运行。另外，读者也可以在网络中查询信息、传递文献、预订席位、自助借还书等，不仅节约时间，还省资源。

5）资源信息海量共享。资源与信息是智慧图书馆运营的基础，主要体现在资源海量化和信息共享化。无论是图书馆的纸质印刷资源，还是数字化资源，都在迅速增加，从书籍、期刊、绘画、书法、影视、图纸、照片到网页上的各种消息和以上信息之间的关系与衍生物，无所不包。图书馆的每一项实体资源都将被植入智能芯片，成为一个可识别的独立个体，并实时反馈状态信息。在资源海量化的基础上，智慧化图书馆选择由大规模、安全、可靠的"云"来提供业务支持系统和资源服务系统，以实现资源存储无界化，使不在同一地区的读者可以跨馆、跨区使用图书馆的文献资源、设备资源，甚至人力资源。

3. 智慧图书馆的建设内容

智慧图书馆的建设内容包括环境智慧化、服务智慧化、管理智慧化和资源智慧化 4 方面。

（1）环境智慧化

在智慧图书馆的建设中，环境建设承担着基础性的作用，无论是信息资源的有效利用，或是高效精准管理服务的提供，都无不需要智慧化的基础环境支持。总体上，环境智慧化可以分为物理环境的智慧化建设及虚拟环境的智慧化建设两部分，如图 4-15 所示。

（2）服务智慧化

服务智慧化是贯穿智慧图书馆始终的主线，其智慧化主要体现在服务手段、方式的智慧化以及服务模式的多元化上，体现在无所不在、形式多样的主动服务、个性化服务、泛在化服务及人性化服务上。智慧图书馆通过智慧化系统可以将传统的独立处理的服务事务联系起

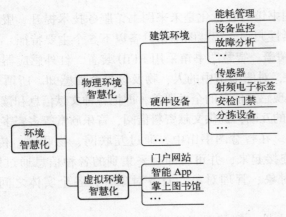

图 4-15 环境智慧化建设内容

来，通过对各种信息的分析、比较、提取，构建一个具有事务处理、管理和决策机能的服务智慧系统，将用户在虚拟环境下的信息行为和在图书馆实体环境下的信息行为相结合，将馆藏文献基本信息与用户档案信息相结合，构筑能全面、真实反映用户个性特征和需求特征的用户模型，并自动识别和感知用户的位置及其当前所从事的学习、研究、工作内容，主动地为其推送关联信息，并提供真正的、全方位的、立体的、适合的个性化服务，真正实现以用户为中心的服务理念。

目前，图书馆的服务智慧化主要有实体图书馆与虚拟网络平台两种体现途径，并不断努力为线上、线下的服务提供结合渠道，构建整体化的服务供给系统。智慧图书馆于线上、线下两种渠道所提供的智慧化服务大致可分为图书借还服务、图书馆配套业务、用户个性化服务及其他服务几类，如图 4-16 所示。

（3）管理智慧化

管理的智慧化是保证智慧图书馆智能运转的必要手段，管理的对象不仅包括信息资源，还包括硬件设施环境管理、用户借阅服务过程管理、图书馆日常运行的维护以及图书馆可持续发展的辅助性管理（如图书馆运营过程中的节能管理、针对图书馆馆藏资源和整个工作环境的安全防盗监控、对图书保存条件的自动监测等）。管理智慧化的实现，需要图书馆建立一个智慧化的管理系统，有效协调各个管理对象，收集、加工、整理所有互联的实物与虚物信息。将各项管理工作接人管理系统中，通过各种专用的传感器节点采集各类有针对性的监测信息，再经过智慧图书馆后端的信息综合处理系统，实现对图书馆管理过程的智能化控制。具体地说，管理智慧化主要表现在资源管理智慧化和安保管理智慧化两方面，如图 4-17 所示。

（4）资源智慧化

智慧图书馆建设中涉及的资源种类多样，除传统的纸质图书文献资源外，还包含电子资源、用户资源以及相关文化资源。资源的智慧化是指资源从采集到存储，再到展示、推送的整个过程的智慧化，如图 4-18 所示。

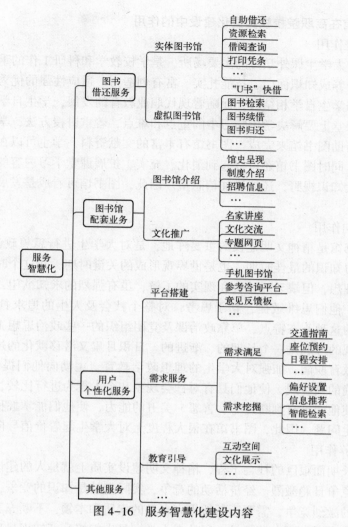

图 4-16　服务智慧化建设内容

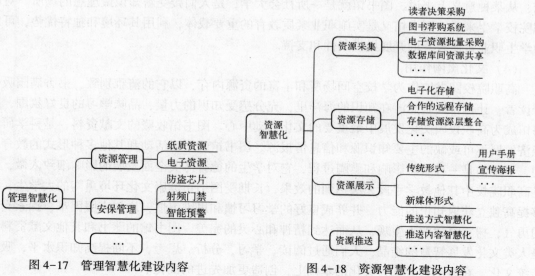

图 4-17　管理智慧化建设内容　　　　图 4-18　资源智慧化建设内容

4. 智慧图书馆在高职院校校园文化建设中的作用

（1）教育促进作用

图书馆已成为大学生课外学习的主要场所，是学校教学和科研工作的重要组成部分。高职院校要把学生培养成知识面广、技能扎实、富有创造力、适应性强的优秀人才，需要课堂教学、实践教学与学生自学相结合，而随着现代职业教育的发展，学生自学的时间和空间的比重越来越大，课堂上要解决学生学习中的重点和难点，着重讲授方法，学生大部分知识结构的建构，需要借助图书馆来完成。图书馆有丰富的文献资料，学生可以在里面进行广泛的阅读，丰富知识。同时图书馆还可以起到消化、充实、扩展课堂学习内容的作用，同时学生在其中不仅能扩大知识视野，还能增加信息量。因此，图书馆可看成是发展教育、培养人才的重要基地。

（2）价值导向作用

高职院校图书馆是精神文明建设的重要阵地，是对大学生进行思想政治教育的大课堂。青年时期既是学习知识的最佳时期，也是世界观形成的关键时期，在这个时期，大学生们虽有远大的抱负和理想，但缺乏对社会和现实的了解；虽有强烈的求知欲望，但缺乏对事物的鉴别和判断能力，他们思维敏捷，勤于思考，对整个社会及人生的追求具有极大的探知热情。针对大学生的这种心态特点，单靠政治课及党团组织的一些政治思想工作是难以完全奏效的，因为世界观的形成是一个长期的、渐进的、日积月累又潜移默化的过程，学校应该充分发挥图书馆的教育职能，加强对大学生的理想政治教育，主动向他们提供一些精神食粮，帮助他们确立正确的人生观，使他们具有对社会现象和个人行为进行比较、分析、综合、抽象概括的能力，使他们具有判断是非、善恶、美丑的能力，使他们能掌握科学的思维，正确地看待社会和人生问题。因此，图书馆在很大程度上对大学生起着价值导向作用。

（3）素质培养作用

教育是一项长期而艰巨的社会工程，精神文明建设实质上就是人的建设，当今社会进入人工智能时代，竞争日趋激烈。经济活动的竞争，实际上就是知识的竞争，人才的竞争。人们为了适应社会的激烈竞争，需要不断地提高自己的素质和本领，不断充实自己，接受新知识，从某种意义上来说，图书馆就是一所社会大学，是人们接受新知识最理想的场所。对高职院校学生来说，图书馆又是实施职业素质教育的重要载体，利用其环境和独特优势，可以为学生职业素质教育的开展提供条件和支持。

（4）文化熏陶作用

高职院校图书馆作为学校空间场所和丰富的资源内存，以它的清雅别致、书香满园吸引着读者，让每位读者遨游在知识的海洋里，充分感受知识的力量，品味学习的良好氛围，图书馆成为高职校园文化发展中最重要的文化活动中心。图书馆收藏的文献资料，是科学研究经济发展不可或缺的主要知识源和信息情报源。图书馆的阅读活动和其他多种形式的教育活动，更多的是一种思想影响和熏陶过程，它对学生的德智体美全面发展的影响细致入微，这是高职院校中其他教学手段无法达到的效果，长期受图书馆健康文化环境熏陶的大学生，能够提高独立获取知识的能力，并养成良好的学习习惯和思维习惯，增加克服困难、探索真理的勇气，树立科学的人生观，从而达到精神和心灵的完美。图书馆的藏书和其他文献资料都是人类文化发展智慧的结晶，人们通过阅读、学习、分析、思考，不断提高知识水平，吸收传统文化，在继承人类优秀文化的基础上，创造更加先进的文化。

（5）精神陶冶作用

高职院校校园文化的作用在于通过生动、活泼、丰富的文化活动，使人学会主动摄取文化知识、获得人生意蕴的全面体验，进而陶冶自己的人格和灵魂。在这个意义上，图书馆及其工作具有独特的作用，一方面，它作为物质载体（馆舍和设备）、精神文化载体（文献资料）、行为主体（读者利用文献的活动），创造了一个启迪智慧、陶冶心灵的场所；以馆风、学风、文化传统、价值观念，人际关系等表现出的高度的观念形态，对学生读书、教师治学起着指导作用。另一方面，图书馆优美、整洁、有序的学习环境，又对置身其中的每个人起着培养审美情趣、陶冶道德情操和规范行为品德的作用。

某校智慧图书馆的智能藏书架如图4-19所示。

图4-19　某校智慧图书馆的智能藏书架

4.3.2　智慧图书馆的系统架构

智慧图书馆的系统架构主要有感知层、网络层和应用层3层，如图4-20所示。

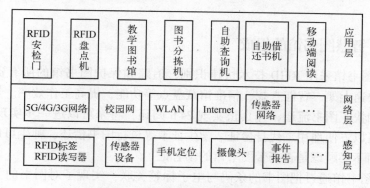

图4-20　智慧图书馆的系统架构

1. 感知层

感知层需要构建完整的，可互相感知、定位、控制、处理的图书馆智慧感知环境，主要通过传感器、RFID标签、RFID读写器等感知终端，对人（读者、馆员及管理者）、图书馆的各种资源以及周围环境进行全面感知并采集信息。如通过传感器对室内的温度、光线、烟雾浓度、湿度等进行感知，根据气候的变化自动调节馆内的温度，使其始终保持在最适温度；在阴雨天，可以自动调节室内的亮度，使室内亮度适合读者学习并且减少对眼睛的伤害；当室内烟雾达到一定浓度时，传感器就会启动报警等；利用 RFID 技术和传感器技术，感知、定位和管理图书馆文献资料、书架图书排列、座席资源的占有率等；利用移动定位技术，以智能手机作为读者服务和业务管理的主要载体，通过无线通信技术、应用程序终端感知和定位读者，为管理者提供移动式管理的便利。

2. 网络层

网络层主要由互联网、校园网、传感器网络、无线移动网等组成，是系统的神经中枢和大脑，负责感知信息的传输、通信和智能交互。网络层的关键是网络协议，如智慧图书馆的书架上有特定的 RFID 阅读器，放在书架上的书有电子标签，阅读器和电子标签可按某种特定的通信协议互通信息。智能书架能将每种书的详细信息读出来，当有借阅者借走图书时，智能图书架能将借走的图书情况记录下来并反映到图书管理系统，某种图书的数量少于设定值时，书架会提醒管理系统及时补上，同时该书架会对总体的书本借阅做分析，将分析结果及时反映给管理系统。

3. 应用层

应用层是智慧图书馆的实际应用层。智慧图书馆的智能借还系统极大地提高了借还图书的效率。借阅者选好图书后，只需刷卡即可，系统能自动对图书的信息及借阅人的信息进行记录。归还图书时，系统会自动检查，如果图书完好，就进入正常还书界面；如果图书被损坏，该系统就会显示图书损坏的程度，并列出赔偿的方案。当某书超过了还书的期限时，系统会自动做出提醒。智慧图书馆的智能图书定位系统能够为借阅者呈现准确的立体导航图，使借阅者能够快速地了解到该图书所在的库位和架位。同时，通过实体图书馆与数字图书馆对接系统，借阅者能够利用智能终端进一步了解该图书的详细信息，如图书的阅读评论以及电子图书等。智能图书点检系统能够自动完成图书的查找、盘点、顺架、导架等功能，同时可向管理人员提供图书借阅率等资料，以便管理人员随时补充图书，提高了图书馆工作人员的工作效率。

4.3.3 RFID 智慧图书馆的组成

RFID 智慧图书馆采用 RFID 技术快速识别、追踪和保护图书馆的所有资料，实现图书馆自助借还、快速上架、智能查找、精准馆藏盘点等功能，提高工作效率。其在高职院校图书馆的应用，加快了图书流通，并真正实现 24 h 归还，将来可以进一步实现 24 h 无人图书馆；而且，还可以方便地用二代身份证、学生证卡等进行图书借还，师生可以随时使用图书馆各项服务，而不必顾虑是否携带图书馆的读者证。

RFID 智慧图书馆通过把图书的条码与电子标签关联，实现了对图书的关联管理。采用不干胶或者芯片内置方式把电子标签放置在图书当中，读者通过自动借还书机实现自主借/还，管理员用盘点机定期对图书馆的图书盘点，还可实现查找顺架等功能。装有高频读写器的安全门，可实现对进出馆图书数据的采集，防止图书非法丢失。RFID 智慧图书馆的组成示意图如图 4-21 所示，系统架构图如图 4-22 所示。

1. OPAC 查询机

联机公共目录查询（On-line Public Access Catalogue，OPAC）系统代替了传统的计算机检索方式，通过人机互动查询检索图书，方便快捷地为读者提供图书查询。查询机集鼠标、键盘为一体，可节省图书馆的空间。OPAC 触摸查询检索一体机用触摸屏和嵌入式键盘方式

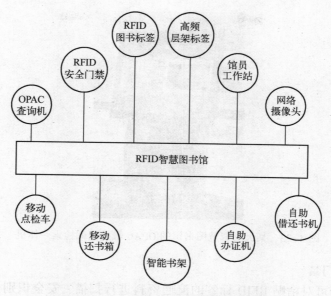

图 4-21   RFID 智慧图书馆的组成示意图

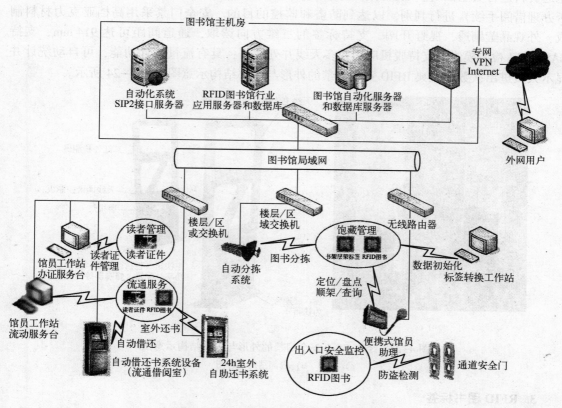

图 4-22   RFID 智慧图书馆的系统架构图

检索，并配备液晶显示器和计算机。图 4-23 所示为某大学智慧图书馆的 OPAC 触摸查询检索一体机。

图 4-23　某大学智慧图书馆的 OPAC 触摸查询检索一体机

2. RFID 安全门禁

RFID 安全门禁可对粘贴 RFID 标签的流通资料进行扫描、安全识别，方便流通部门对流通资料进行安全控制。该设备系统可以对借阅者随身携带或装入书包内的文献状态（是否办理借阅手续）进行判别，以达到防盗和监控的目的。安全门禁采用高档亚克力材料制成，外观晶莹剔透，视野开阔，支持标签的三维方向读取，通道间距可达 914 mm，支持EAS、AFI 检测模式，支持脱机应用及多天线并列使用；具有流量统计功能，可自动统计并显示人员进出次数。经典 RFID 安全门禁的外形与内部结构示意图如图 4-24 所示。

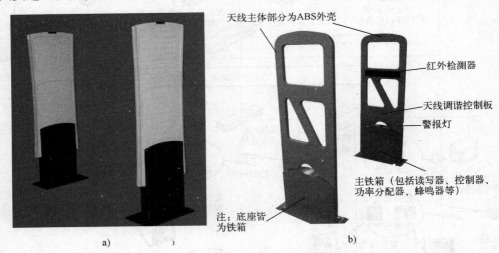

图 4-24　经典 RFID 安全门禁的外形与内部结构示意图

a）外形　b）内部结构示意图

3. RFID 图书标签

RFID 图书标签可以说是每本书独一无二的身份证，它体积更小，隐藏性更强，读写速度更快，读写距离更远，距离可调。

该标签中有存储器，存储在其中的资料可重复读、写；标签可以非接触式地读取和写入，加快了文献流通的处理速度。标签具有一定的抗冲突性，能保证多个（不少于 8 个）

识别卡同时可靠识别；标签具有较高的安全性，可防止存储在其中的信息被随意读取或改写；标签为无源标签，具有不可改写的唯一序列号（UID）；图书标签采用 EAS 或 AFI 位作为防盗的安全标志方法；标签自带单面黏性，粘贴后不易撕毁脱落，同时采用中性粘胶保证对图书及其他介质粘贴表面无损害。

粘贴了 RFID 图书标签的新书，利用推车式移动盘点系统，扫描图书，系统会自动在地图上定位该书应存放的书架，用推车运送图书到指定书架上架即可。利用推车式移动盘点系统，可以对书架逐个扫描，系统会自动挑出错架图书，并且标明正确位置。

在对图书馆图书进行盘点时，可以使用移动盘点系统或者手持式盘点系统，对所有需要盘点的书架进行扫描，通过无线网络传输将数据录入数据库，完成盘点，可以大量节省人力、物力。

粘贴 RFID 图书标签的新书如图 4-25a 所示，图书馆层架的 RFID 标签如图 4-25b 所示。

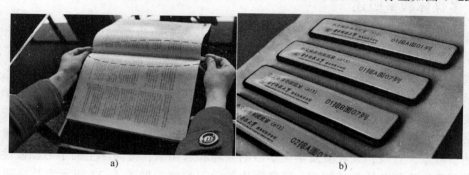

图 4-25　RFID 标签

a）粘贴 RFID 图书标签　b）图书馆层架的 RFID 标签

4. 馆员工作站

图书馆馆员工作站采用模块化设计理念，集成了 RFID 读写装置及各类型证卡识别模块（可根据需求集成 RFID 读写装置），具备标签编写、识别及流通状态处理功能，可用于借还、办证、扣缴、读者疑难问题处理、销户等，对图书馆日常流通业务的整合处理，能够通过扫描图书条码对 RFID 标签进行编写，进行标签加工工作。

5. 自助借还书机

自助借还书机是智慧图书馆的重要组成部分，通过后台管理系统对粘贴有 RFID 标签的图书及流通资料进行扫描，识别，方便读者和工作人员对流通书籍进行借还处理。其人机交互界面简单易懂，硬件设备安全可靠。如图 4-26 所示为某款自助借还书机。

6. 移动盘点车

图书馆利用 RFID 移动盘点车对图书进行快速扫描盘点，可以非接触式地快速识别粘贴在流通资料上的 RFID 标签和层架标签，完成排架、查找、统计流通资料等功能，可有效降低工作人员劳动强度和提高图书馆数据采集速度。其支持无线连接，数据快速实时更新，支持离线盘点，人机交互界面简单易懂，

图 4-26　某款自助借还书机

硬件设备安全可靠。

7. 智能书架

智能书架可拥有多个 RFID 读写天线，可以读取该书架上图书 RFID 的信息，然后探测某一本书的是否在读取范围内，如果读取不到这本书的 RFID 标签，则认为该书已经被借阅，再结合之前的读取信息，可以判断该书何时被借阅取走，何时会归还。图书馆通过 IBS，可以统计出书架上每本书的状态，通过图书使用率分析，可以完成许多以前图书馆不能完成的功能。

4.4 多媒体教室

4.4.1 多媒体教室概述

随着信息技术和网络技术的迅猛发展，高职院校教育也逐渐向网络化和信息化方向发展，多媒体在高职院校教学中的应用，为教学提供了丰富的手段和方法，大大提高了教学的质量和效率。其中，多媒体教室就是一种以多媒体教学为主要形式的教室，它为学生提供了多种教学手段和方法，提高了教学的能力，同时也是信息化教育的基础。多媒体教学是借助多媒体技术，以文字、声音、视频、动画和图片等内容为一体的教学形式来替代传统教学中依靠板书以及教师口述的教学形式，给学生营造一个生动形象的教学环境，从而使教学变得更加生动、形象，直观，大大激发学生学习的兴趣和求知欲，提高学生的学习积极性和主动性；也有利于简化复杂的教学知识，降低学生的学习难度。如图 4-27 所示为某高职院校的多媒体教室。

图 4-27　某高职院校的多媒体教室

1. 多媒体教室的含义

装备有音视频系统、计算机和网络、设备控制系统等软硬件设备与系统，并通过它们进行教学活动的教室称为多媒体教室。

2. 多媒体教室的分类

根据多媒体教室的功能不同，一般分为以下 3 种。

（1）演示型多媒体教室

演示型多媒体教室主要适用于授课、学术报告、演讲等教学活动，其基本应用功能包括便捷上网、多媒体（如数据，图文、音视频资源等）演示、扩声和大屏幕显示。其硬件组成应包括板书演示设备（如电子书写屏、电子白板等）、多媒体演示设备（如幻灯机、胶片投影仪、录音机、录像机、视盘播放设备及视频展示台等）、多媒体计算机、大屏幕显示系统（投影机或平板显示器）、扩声设备（如有线传声器、无线传声器、功率放大器、扬声器等）、信号源切换分配设备（如 AV 矩阵成分配器、VGA 矩阵或分配器等）、中央控制系统、多媒体讲台与辅材（如接插件、线材等）。

（2）录播型多媒体教室

在演示型多媒体教室的基础上配置录播系统，实现课堂教学场景和过程的录制与直播。

（3）交互型多媒体教室

在演示型多媒体教室和录播型多媒体教室的基础上，增加了智能化交互系统、远程交互终端（视频会议终端）、课堂交互终端（平板计算机等）和交互软件等，主要适用于案例教学、语言教学、网络学堂、虚拟教学等讨论型教学活动模式。

交互型多媒体教室除了拥有演示型多媒体教室和录播型多媒体教室的设备外，交互型多媒体教室的组成还应包括以下几点。

1）智能化交互系统，包括交互电子白板和超短焦投影机组合、交互式平板一体机及系统交互软件。

2）网络应用系统，构建教室内的网络系统。

3）系统管理及应用软件，包括根据教学要求定制的应用软件和根据系统终端用户要求的订制直播、点播发布软件。其中，应用软件包括教学管理、视频交互、系统管理软件；终端用户通过直播、点播发布软件，可以在 Internet 或校园网上点播多媒体文件，显示教师授课、学生答问、计算机屏幕、板书等多个实时播放的频窗口。

交互型多媒体教室一般以 30~60 座（或面积 $40~90\,\mathrm{m}^2$）的中小型教室为宜。

3. 多媒体教室与智慧教室的区别

教室是进行教学活动的主要学习场所，先后经历了"传统教室—多媒体教室—智慧教室"的变迁，智慧教室不仅包括多媒体教室的硬件设施与软件系统，还包括教学策略与活动的运用和开展。智慧教室与多媒体教室的比较如表 4-1 所示。

表 4-1　智慧教室与多媒体教室的比较

项　　目	多媒体教室	智 慧 教 室
多媒体设备	有	有
互联网	有	有
无线宽带网	不一定	有
传感器与传感器网络	无	有
智慧终端	无	有
物联网技术应用	无	有
个性化教学	无	有
开放性教学	无	有
知识传授方式	教师讲，学生听	交互讨论，在线学习，合作学习

项　　目	多媒体教室	智慧教室
教学环境调控	无	有
RFID 考勤机	无	有
面积	50～100 m²	20～50 m²

4.4.2　多媒体教室的组成

多媒体教室主要包括视频显示设备、音频扩音设备、多媒体集中控制系统、计算机及教学软件、多媒体讲台与其他教学设备，其组成框图如图 4-28 所示。

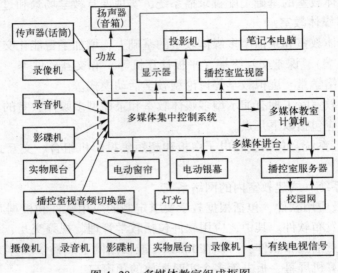

图 4-28　多媒体教室组成框图

1. 视频显示设备

多媒体教室视频显示设备主要包括投影机、平板电视和交互式电子白板。投影机一般吊装在多媒体教室内，把媒体的画面投射到银幕上。投影机按内部构造不同分为 CTR（阴极射线管）三管式投影机和液晶投影机两类。三管式投影机的画面清晰度高，使用寿命长，但体积大、耗电大、价格高，安装不方便。液晶投影机体积小、耗电小、亮度最高达到 2500ANSI 流明以上，分辨率可达到 1600×1200 像素，投影尺寸可达 300 in。

另外，投影机按连接设备的性能不同分为视频投影机和多媒体投影机。视频投影机行频为 15.75 kHz，只能接录像机、影碟机、实物展台等的视频信号。多媒体投影机行频为 15～135 kHz，有 VGA 显示接口，可连接视频、计算机、图形卡和工作站等的信号，多媒体投影机如图 4-29 所示。

图 4-29　多媒体投影机

2. 音频扩音设备

音频扩音设备主要有传声器（话筒）、扬声器（音箱）和功放。多媒体教室扩音设备的作用是让坐在每个座位的学生都能听清楚教师讲课的声音和录音、录像、影碟、计算机等媒体的声音。为方便教师边书写板书边讲解，宜配备无线话筒。

3. 多媒体集中控制系统

多媒体集中控制系统也称中央控制系统，通过运用网络通信技术对多媒体教室中的多媒体讲台、投影机、计算机、屏幕、视音频设备、传声器及功率放大器等设备进行集中管理和远程控制，使教师上课时不再需要对各种设备进行烦琐的操作。多媒体教室智能化中央集中控制系统运用嵌入式技术对多媒体教室的设备进行远程监测、诊断，提高了多媒体教室系统的应用能力，保障了教学系统便捷、高效、安全、可靠地运行。

多媒体集中控制系统将多种多媒体设备连接成公用的图像和声音系统，并清晰地显示由计算机等设备所传送的文字、图形、图像、动画等多媒体信息。多媒体集中控制系统的构成图如图 4-30 所示，系统集中实现了对 3 部分的总体控制，分别是音频切换台、视频切换台以及环境控制器，对它们实现电源与音视频信号切换的控制。

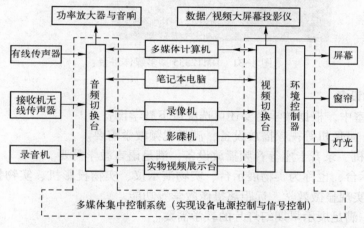

图 4-30　多媒体集中控制系统的构成图

4. 计算机及教学软件

多媒体教室中配置的计算机及其中安装的教学软件应能支持教师授课演示、师生互动、教学过程录播等各种类型的教学活动。

多媒体教室中应至少配置一台教师用计算机；根据教学需要，可按学生组或学生人数配置学生用计算机，并选择配置相应的耳机、传声器和摄像头；对于特定的交互式教学活动，还需要在教室局域网中配置教学服务器。多媒体教室中的计算机应接入校园网络；演示型多媒体教室的计算机中应安装支持教师授课演示的软件；交互型多媒体教室的计算机中应视教学需要安装支持课堂互动、教学评测、广播教学和远程互动的软件；录播型多媒体教室的计算机中应安装支持课堂录播的软件；在具有中控管理功能的多媒体教室，计算机应安装支持网络远程启动和管理的软件。

5. 多媒体讲台

多媒体讲台是一种将讲台与计算机、多媒体控制系统、视频展台、音频设备、音视频转换器等电子产品集合为一体的产品。如 DMT2335 型多媒体讲台（如图 4-31 所示），中央控制区设置在讲台的左边，并设置一个保护门，打开门后，门变成一个工作台面，计算机键盘镶嵌在工作台面上，中央控制区可以安装 15~21 in 液晶显示器（可选择角度可调），设有中控、外置光驱、外置电源及笔记本电脑外接模块的安装位置，显示器和台面板接口在讲台关闭状态下均不可见。展示台区域位于右边，推出展示台柜门的同时打开储物柜门，以方便教师存放物品，且台面还可以做实验。轻轻右推即可使用实物展台，前门可随意选择为大小门、对开门或带粉笔盒门，外形尺寸为 1350 mm×680 mm×850 mm（长×宽×高）。

图 4-31　DMT2335 型多媒体讲台

6. 其他教学设备

在多媒体教室中，根据教学需要还可选配以下教学设备。

1）影碟机、录像机等视频播放设备，满足视频教学需要。

2）CD 播放机、录音卡座等音频播放设备，满足语言教学需要。

3）视频展示台，也称为实物展示台、实物演示仪、实物投影机、实物投影仪等，还可选配相应装置，实现显微教学、远距离摄像教学等功能。

4）幻灯机，满足展示早期幻灯片的教学需要。

4.4.3　多媒体教室主要设备的选购

在多媒体教室建设的过程中，学校要慎重选择各个多媒体设备和计算机设备，以利于集中维护和管理。选购多媒体教室设备时应注意以下几点。

1. 中央控制系统选购

中央控制系统是多媒体教室的核心，其更新的频率较低，所以要选择稳定性高、售后服务好的设备，这样有利于后期的维护。考虑到扩展性的要求，可以选择智能型的网络中央控制系统，有利于集中控制多个同种类型的多媒体教室，管理人员只需要通过主控即可进行控制，一旦多媒体相关设备出现故障问题，有助于检修人员及时发现并处理。随着计算机技术和信息技术的快速发展，多媒体教室逐渐向智能化、网络化方向发展，所以在多媒体建设的时候，要综合考虑当下最为先进的多媒体技术和设备。

2. 音频扩音设备选购

应根据教室容量和用途选择不同类型的音频扩音设备。

1）比较小的普通多媒体教室（50 人以下的教室）只对多媒体设备信号进行扩音，而不需要对老师的人声进行扩音，可选用多媒体有源音箱扩音。

2）对于60~400人的专用多媒体教室，要对多媒体课件及教师授课声音进行扩音，要选用多媒体教室扩音系统。

3）具有多媒体教室扩音系统功能的同时，还要满足录音的要求，要对授课过程中的所有音频信号进行录播，宜选用多媒体录播教室扩音系统。

3. 视频显示系统选购

应根据多媒体教室面积大小、环境光的强弱和实际需要选择不同类型的视频显示系统，选型原则如下。

1）面积在60 m²以下的多媒体教室宜选用平板电视作为显示终端。

2）面积在60~100 m²的多媒体教室宜选用投影机或多台平板电视或交互式电子白板作为显示终端。

3）面积大于100 m²的多媒体教室宜选用投影机作为显示终端，也可以选择多个不同类型的显示终端搭配使用。

4）多媒体教室投影机宜采用正投影方式。

4.5 实训4 参观本校智慧教室或智慧图书馆

1. 实训目的

（1）了解智慧教室或智慧图书馆的主要功能。

（2）熟悉智慧教室或智慧图书馆的体系架构。

（3）熟悉智慧教室或智慧图书馆的组成。

2. 实训场地

参观本校的智慧教室或智慧图书馆。

3. 实训步骤与内容

（1）提前与本校的智慧教室或智慧图书馆联系，做好参观准备。

（2）分小组轮流进行参观。

（3）由教师或相关技术人员为学生讲解。

4. 实训报告

写出实训报告，包括参观收获、发现的问题及提出好的建议。

4.6 思考题

（1）简述智慧教室的特征。

（2）智慧教室由哪几部分组成？

（3）智慧实验（实训）室的层次架构是怎样的？

（4）RFID智慧图书馆由哪几部分组成？

（5）选购多媒体教室设备时应注意哪些事项？

第 5 章　智慧校园应用支撑平台建设

本章要点

- 熟悉应用支撑平台建设原则与策略
- 熟悉高等学校管理信息中的管理数据子集与元数据的结构
- 熟悉校园一卡通平台软、硬件系统的组成
- 熟悉统一身份认证的作用及主要功能
- 熟悉智慧服务平台的主要功能
- 熟悉智慧管理平台的主要子系统
- 熟悉资源集成平台的构成

5.1　应用支撑平台建设概述

5.1.1　建设原则

智慧校园应用支撑平台建设必须保证其前瞻性、可用性、开放性和安全性。

1. 前瞻性

智慧校园是一个新兴事业，发展还不够成熟，相关标准也不够完善，为保证将来硬件和软件的良好兼容性，与第三方厂商设备保持良好的对接，智慧校园应用支撑平台的顶层设计必须保证其前瞻性，遵循已有的相关标准，保证良好的兼容性，以适应未来的技术发展。

2. 安全性

智慧校园应用支撑平台的安全性分为管理和技术两个层面，技术方面包括环境、系统、虚拟机、存储和网络的安全防护；管理方面对应用支撑平台、平台服务、平台数据的整个生命周期、安全事件、运行维护和监测、度量和评价进行管理。

3. 可用性

智慧校园应用支撑平台为校园业务应用提供重要的 IT 基础设施，承担着保证各个业务应用系统稳定运行的重任。所以，应用支撑平台的建设必须从基础资源池（计算、存储、网络）、虚拟化平台、云安全等多个层面充分考虑业务的高可用性，一旦出现故障，业务应用能够迅速进行切换与迁移，达到用户无感知的业务连续性。

4. 开放性

智慧校园应用支撑平台需要提供开放的 API 接口，能够通过 API 接口、命令行脚本实现对设备的配置与策略下发联动，未来的扩展可以基于这些接口进行二次定制开放，也可方便地融合第三方应用系统。

5.1.2　建设思路

应用支撑平台在智慧校园的总体架构中的位置参见第 1 章中图 1-5，它在基础设施层之

上，分为支撑平台层与应用平台层，具体介绍参见1.4.2与1.4.3节的叙述。

智慧校园的应用支撑平台建设是一项复杂的系统工程，必须采用系统化思维和方法进行方案设计与实施，主要包括如下几方面。

1. 整体规划

智慧校园建设的整体规划要以人为本、面向服务、信息互通、数据共享，能提供及时、准确、高效、随时随地的校园信息化服务，"提供满足跨部门的业务管理、面向全校用户的便捷的信息服务"；通过"管理化+服务化"的思路帮助学校实现由传统应用系统以管理为核心，转向前端以服务为核心，实现学校各类资源的整合和配置优化，提高学校的管理水平和办学效率，使高校信息化应用达到较高水平。

2. 抓好一个基础，落实三个统一

智慧校园支撑平台建设要紧抓校园一卡通建设，并以一卡通建设为依托，理清发展思路，加强融合创新，分步骤、分阶段推进智慧校园建设。在智慧校园中，校园一卡起着重要的桥梁作用，它可与银行卡、支付宝等相关联，实现校园一卡通的金融功能，提供基础金融服务；还实现了校门、教学楼和学生公寓等的门禁管理，又是平安校园的重要组成部分；能够实现与图书馆管理系统、学生工作管理系统、教务管理系统和学生考勤系统等的无缝对接，可以成为学院教学管理的重要途径之一。由此可见，校园一卡通是智慧校园中应用支撑平台的一个重要基础。

智慧校园中的应用支撑平台还包括统一信息标准规范、统一身份认证和统一门户网站。信息标准在学院范围内作为数据编码的依据和标准，为数据库设计提供了类似数据字典的作用，为信息交换、资源共享提供了基础性条件。身份认证不仅为各应用系统提供集中的身份认证服务，实现统一的用户管理与权限控制，实现各系统的单点登录功能，而且要建设基于校园一卡通、二代身份证、指纹等介质的身份认证系统，配合基于物联网的智能安防系统，提高智慧校园的安全性。门户网站支持移动终端App和微信访问，可提升广大师生和管理人员的用户体验。

3. 师生为本，服务为用

智慧校园的应用平台在支撑平台的基础上构建智慧服务、智慧管理、智慧教学和资源集成等应用，为师生、员工及社会公众提供泛在服务。

智慧校园应用平台的建设要秉承服务的理念，对学生、教师两类用户提供个性化、一站式、线上线下相结合的综合服务，解决师生在教学、科研、管理和生活中的实际需求，支撑高职院校开展个性化人才培养、科学研究、智慧型管理决策以及智慧型生活。

5.1.3 建设策略

1. 自主开发

有条件的院校可自主设计开发应用支撑平台。如某高校以一体化开发平台为基础，采用先进的J2EE技术架构和面向服务的思想，使用Web Service和XML等技术整合与集成各种应用系统，开发了教育阳光服务网络平台。该平台的总体架构如图5-1所示。

教育阳光服务网络平台主要分为数据存储层、中间件、基础支撑平台、应用服务层、表现层。

数据存储层主要存储和管理系统数据，包括数据库、文件、索引库3大类。

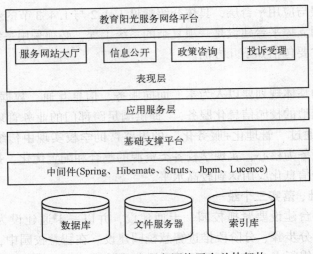

图 5-1 教育阳光服务网络平台总体架构

在数据存储基础上，系统采用 Java 最成熟的开发框架 Spring、Hibemate、Struts、Jbpm、Lucence 及 Dwr 等，通过整合，实现对基础数据的查询和更新，为上层模块提供服务。

基础支撑平台是一个强大的开发平台，也是一个功能齐全的基础软件。它在整合 Java 开发框架的基础上，进一步封装和整理，内有丰富的功能函数库，可以对系统基础功能进行提炼，通过配置快速实现系统管理。

应用服务层是一个可扩展的服务池，它在支撑平台基础上实施插件化模式，能够根据实际需求不断添加或删除功能模块，提高系统的扩展性和易用性。

表现层是系统的门户，它包括阳光服务网站大厅，主要面向群众，包括信息公开、政策咨询、投诉受理等模块。

2. 校企合作

高等院校或高职院校的主要任务是教书育人，所以在智慧校园应用支撑平台的建设过程中，不可能具备一切所需要的人才。所以，为了使得相关平台建设有力有效持续推进，学校应该选择科技公司与之合作，通过学校提供诉求，科技公司提供技术搭建的方式来完成智慧校园信息化运行支撑平台的建设。

校企合作是一种"双赢"模式。学校利用企业提供技术与设备，企业可根据学校的需要研发市场需求的产品，实现产品更新换代，让企业在市场竞争中获利。

3. 公开招标

院校可根据《中华人民共和国政府采购法》等有关规定，发布公开招标公告，对智慧校园应用支撑平台项目进行公开招标。招标公告中应写明项目名称及性能配置要求，如某高校发布的智慧校园平台建设政府采购项目公开招标公告明确了学院办公 OA 系统需要实现的功能包括我的桌面、公共事务管理、个人办公管理、个人设置、公文管理、审批事项管理、校园信息管理、信息传送及档案管理系统等。投标方要详细描述我的桌面、公共事务管理、个人办公管理、个人设置、公文管理、审批事项管理、校园信息管理、信息传送及档案管理系统等功能。

统一支撑平台是一个信息的集成环境，它可以是将分散、异构的应用和信息资源进行聚合，通过统一的访问入口，实现结构化数据资源、非结构化文档和互联网资源、各种应用系统跨数据库、跨系统平台的无缝接入和集成，提供一个支持信息访问、传递以及协作的集成化环境，实现个性化业务应用的高效开发、集成、部署与管理；并根据每个用户的特点、喜好和角色的不同，为特定用户提供量身定做的访问关键业务信息的安全通道和个性化应用界面，使教职员工可以浏览到相互关联的数据，进行相关的事务处理。

投标方要详细描述支撑平台所包含的构建化管理、单点登录、用户身份管理、身份认证服务、权限管理、统一工作流引擎平台及表单自定义平台等功能的理解，应根据院校的实际需求，对每一个项目提出明确要求，并公示供应商的资格要求。

4. 提高人的素质

智慧校园应用支撑平台是一个动态化的品牌建设过程，在相关的硬件设施搭建和网络建设完成之后，运行过程当中需要相关的工作人员对它进行日常的维护，同时平台的建设和发展也需要这些工作人员对他们进行不断更新，将智慧校园应用支撑平台永续发展，源源不断地为学校的发展和学生的发展提供支持和帮助。在这个问题上，就需要平台的运维人员具有较高的综合素质。从技术角度来说，需要运维人员能够独立处理平台日常运转中所出现的问题；另一方面，着眼于平台的发展，也需要运维人员具有为校园和为学生服务的意识。

提高人的综合素质，需要从两方面来实现，一是业务技术方面的培训，在培训的过程当中让他们掌握与智慧校园应用支撑平台建设相关的精神和技能，也可招聘录取一些在智慧校园应用支撑平台建设、维护方面有经验的人员，来院校从事与平台有关的工作；二是进行个人心理上的培训，帮助相关的技术工程人员提升个人素质和服务能力，最终帮助他们更好地为学生和教师服务。

5.2 智慧校园支撑平台建设

5.2.1 统一信息标准规范

智慧校园支撑平台建设的一项重要内容就是要统一信息标准规范，应根据 GB/T 36342—2018《智慧校园总体框架》和 GB 50174—2017《数据中心设计规范》、教育部印发的《教育信息化 2.0 行动计划》、教育行业标准 JY/T 1006—2012《教育管理信息 高等学校管理信息》以及各省、市关于智慧校园的标准建设，具体内容参看 1.1.6 节。

基于国家标准、教育部标准及地方标准，智慧校园支撑平台建设应兼顾各个标准之间的兼容性、一致性以及标准的可扩展性，建设形成一套符合学校自身实际的管理信息化标准，为信息交换、资源共享提供基础性条件。信息标准需要保证信息在采集、处理、交换、传输的过程中有统一、科学、规范的分类和描述，能够使信息更加有序地流通，发挥信息资源的综合效益。

教育行业标准 JY/T 1006—2012 规定高等学校管理信息的元数据划分成不同的子集，其体系结构如图 5-2 所示。

高等学校管理信息中各管理数据子集按业务环节和流程划分为数据类、数据子类、数据项，如图 5-3 所示，规定了数据元素的元数据结构。元数据结构由编号、数据项名、中文简称、类型、长度、约束、值空间、解释/举例、引用编号 9 项组成。

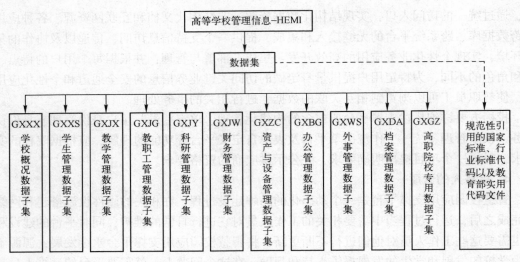

图 5-2　高等学校管理信息体系结构框图

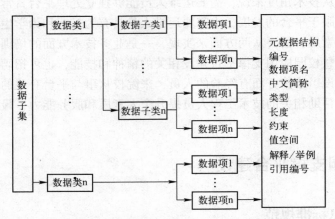

图 5-3　高等学校管理信息的数据层次与元数据结构

智慧校园支撑平台统一信息标准规范的技术要求如下。

1）涉及国家、教育部已经颁布标准的，应采用已颁布的标准。

2）兼顾各职能部门目前正在使用的分类及编码方法。

3）对不能满足标准要求的部分进行修改或更新。

5.2.2　统一身份认证及授权中心

所谓身份认证，就是判断一个用户是否为合法用户的处理过程。统一身份认证是针对同一网络不同应用系统而言，采用统一的用户电子身份判断用户的合法性。

智慧校园网络中各个应用系统完成的服务功能各不相同，有些应用系统具有较高的独立性，如财务系统；有些应用系统需要协同合作完成某个特定任务，如教学系统、教务系统等。由于这些应用系统彼此之间是松耦合的，各应用系统的建立没有遵循统一的数据标准，数据格式也各不相同，系统间无法实现有效的数据共享，于是便形成了网络环境下的信息孤岛。对于需要使用多个不同应用系统的用户来说，如果各系统各自存储管理一份不同的身份认证方式，用户就需要记忆多个不同的密码和身份，并且用户在进入不同的应用系统时需要多次进行登录，这给用户和系统管理带来了极大地不便。

统一身份认证是以认证服务为基础的统一用户管理、授权管理和身份认证体系，将组织机构信息、用户信息统一存储，进行分级授权和集中身份认证，规范应用系统的用户认证方式，可以提高应用系统的安全性和用户使用的方便性，实现集成应用的单点登录。即用户经统一应用门户登录后，系统平台依据用户的角色与权限，从一个功能进入另一个功能时，无须再次认证，系统能够提供该用户相应的活动"场所"、信息资源和基于其权限的功能模块和工具；在工作人员调动、调职等变更或组织机构变动后，用户的身份和权限在各系统之间能够协调同步，可以减少应用系统的开发和维护成本。统一身份认证平台结构示意如图 5-4 所示。

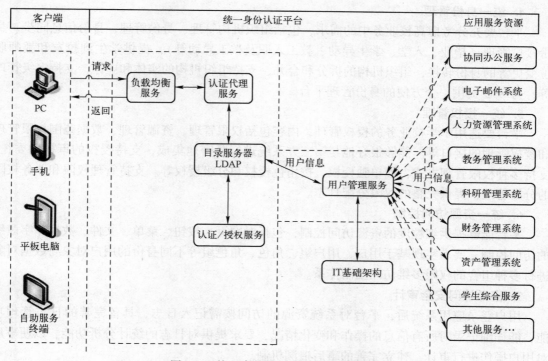

图 5-4　统一身份认证平台结构示意图

有了统一身份认证系统，管理员就可以在整个网络内实现单点管理，用户可以实现一次登录、全网通行，各种管理应用系统可以通过统一的接口接入信息平台。对用户的统一管理，一方面访问各个成员站点时无须多次注册登录，既给用户带来方便，也为成员站点节约资源，避免各个成员站点分散管理统一用户带来的数据冗余；另一方面也给新的成员站点（新的应用系统）的开发提供方便。

统一身份认证平台的功能如下所述。

1. 目录服务

目录服务是身份认证服务平台的基础。目录服务以层次结构、面向对象的数据库的方式集中管理用户信息，保证了数据的一致性和完整性，为智慧校园各类应用提供用户信息的共享。

2. 身份认证系统

身份认证系统提供身份认证服务，通过信息门户服务平台和身份认证服务平台的建立，将众多的校园应用纳入信息门户服务平台，实现单点登录，众多的系统同一账号、密码，一次性登录。身份认证系统可提供多种认证接口，可与 CA 系统进行集成，支持用户名/密码、数字证书等多种认证方式，支持 B/S 和 C/S 等多种模式的应用。

3. 单点登录

平台支持多个应用系统（包括 B/S 和 C/S）间的单点登录，智慧校园中的所有应用系统通过 SSO 单点登录系统来实现统一的身份认证，SSO 单点登录系统提供登录、验证接口，各应用系统通过 SSO 单点登录以及验证接口来验证客户端的合法性，并由 SSO 返回的信息来决定用户的权限以及角色，应用系统根据返回的信息决定用户具有的访问权限。

4. 统一身份管理

平台要充分考虑高校业务中的需求，包括组织机构管理、身份管理、身份信息同步、身份接口管理（毕业、入学、学生异动、教工入职及教工异动等），提供学生到校友和教师职位变更等的身份转换，组织机构的拆分和合并，支持组织机构的实体和虚体，支持多级管理等，为 SSO 提供一个方便的身份管理平台。

5. 统一授权管理

平台要适用于学校业务的授权管理，内容包括权限管理、资源管理、数据范围权限管理和授权管理的接口等。能够很好地与第三方系统进行紧密地集成，支持授权的审核和委托。支持多种权限管理方式，如单独授权、按角色授权和分级授权等。支持管理权限和业务权限的分类管理，提供完整的权限分配日志。

6. 统一资源访问控制

平台能够提供细粒度的资源访问控制，包括对网页、按钮、菜单、文件、数据库字段级的访问控制，要求实现基于用户、用户组、角色、角色组等不同身份的用户对象与数据对象进行多种组合的权限多维访问控制体系。

7. 资源访问安全审计

用户登录应用系统后，平台对系统资源的访问按需记入日志，具备完善的日志管理功能，能详细记录对所有信息的操作和变化情况，要求提供对日志的统计分析功能，以便事后对用户操作进行审计，建立完善的事后追溯机制。

8. 接口开放

接口开放可保证以后应用系统能方便纳入统一身份认证及授权中心。

5.2.3 统一门户网站

智慧校园的门户网站平台不仅是校院对外宣传的窗口，也是信息化的链接平台，是校院展示形象、发布公共信息、展现教学科研成果、收集反馈意见、创新教学等方面的一个重要工具，对树立校院形象，提高知名度及竞争力，打造良好的人文氛围及社会影响力都有着重要的作用。

校院门户网站的功能要求是能提供公共信息服务，包括通知公告、事务提醒等；能提供业务信息服务，包括办公、教学、科研、人事、财务、学生事务及后勤服务等业务信息；能提供综合应用信息服务，包括"一张表"应用、综合数据查询、综合数据分析等。

1. 校院门户网站的功能模块

1）基本信息展示。展示校院概况、组织机构、专业设置等信息。

2）公告通知。发布校院相关公告、通知等。

3）新闻报道。报道校院相关的新闻。

4）教学培训科研咨询。展示院校的教学、培训、科研成果和信息发布。

5）校院学报。校院学报的内容能在网上发布等。

6）文件下载。面向全校学生、教职员工服务提供公共文件下载。

7）公共信息查询。面向全校学生、教职员工服务提供公共信息查询。

8）统一身份认证服务。可方便与校院现有教学评估系统进行集成，实现单点登录提供服务，也为以后增加新系统，实现单点登录提供优质服务。

9）后台管理员权限。采用独特的"角色"式权限管理，可以事先设置好各个角色，给网站管理人员赋予后台超级管理员的权限，给各科室相关网站信息联络员赋予相关栏目的权限等，这样管理权限便与管理员分离开来，可以更灵活地对各管理员和权限进行管理。

2. 校院门户网站的性能要求

1）安全性。统一门户网站集成了校园网内的所有信息资源和应用系统，这要求统一门户网站要能够为用户提供安全的信息资源和业务数据，保障信息传输的安全可靠，保障信息不被非法用户窃取，保障用户的合法身份不被盗用。

2）可扩展性。面对高速发展的校园信息化建设，新的应用系统和信息资源不断加入数字化校园中，所以要求统一门户网站平台提供具有高扩展性的服务架构和访问接口，让各种资源可以方便地集成到门户系统中，为用户提供高效快捷的服务。

3）稳定性。要求综合信息门户网站在高负载，甚至是运行环境出现故障时仍能提供稳定、持续的服务。

4）技术先进性。统一门户网站须采用先进的技术架构和设计理念，以满足校园信息化建设不断发展的需要。

5）一定规模用户访问支持。必须保证统一门户网站要能够在一定规模用户的访问的情况下仍然能够提供高速的服务，并发访问数不低于在校教职工数的 20%。

5.2.4 校园一卡通

校园一卡通服务是将校内用户身份识别、校内小额金融结算、校务管理、金融服务集成一体，为学校潜在的信息化应用建立关联或集成提供接口，实现"一卡在手，走遍校园，一卡通用，一卡多用"。例如在校园生活中，食堂就餐、澡堂沐浴、开水房打水、超市购物等消费，只需使用一卡通进行充值消费就行。不仅如此，还可实现注册、缴费、考勤、门禁、乘车、上机、借还图书及校医院门诊等功能，促使校园生活变得简单便捷，如图 5-5 所示。

1. 硬件系统组成

校园一卡通硬件系统由一卡通网络、数据中心、前置系统、卡片介质、前端设备及其他辅助设备组成，如图 5-6 所示。

1）一卡通网络。一卡通网络是校园网络的一部分，主要包括基础网络和子系统网络。基础网络首选部署在校园网上，通过校园网的虚拟专用网（VPN）网络提供支撑，尽可能

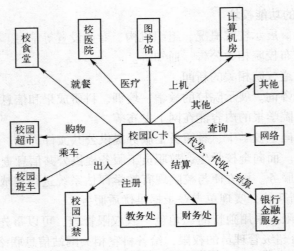

图 5-5 校园一卡通示意图

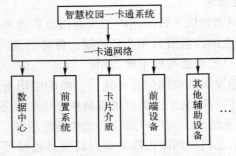

图 5-6 校园一卡通硬件系统组成框图

避免建设专门网络。校园网络建设参看本书第 2 章。

2）数据中心。校园一卡通数据中心为一卡通系统提供身份认证和金融结算等数据服务支撑，原则上应与学校数据中心共享机房环境。

3）前置系统。校园一卡通前置系统主要包括身份认证前置、金融结算前置、查询服务前置、银行转账前置及第三方接入子系统前置等。

4）卡片介质。校园一卡通的卡片介质可参考 JR/T 0025.1—2018《中国金融集成电路（IC）卡规范》的相关规定。

5）前端设备。校园一卡通前端设备是指用于持卡人身份认证和金融结算的前端设备，能暂时存储持卡人信息和结算交易信息。

6）其他辅助设备。校园一卡通的其他辅助设备主要包括网络交换机、硬件防火墙、网络监控设备、不间断电源（UPS）、圈存机、查询机、财务打印机、扫描仪、证卡打印机、数字照相机及一卡通读写器等。

2. 校园一卡通软件系统的组成

校园一卡通软件系统主要由系统平台和应用子系统两部分组成。

（1）系统平台

校园一卡通系统平台主要包括数据中心、前置系统、卡务管理和第三方业务接口 4 部分，与延伸在校内各个区域的人工服务网点和自助服务设施相对接，其功能模块和服务包括以下几方面。

1）数据中心：包括身份认证应提供多级安全认证强度，金融结算连接银行系统提供各种支付和清算业务。

2）前置系统：应包括身份认证前置、金融结算前置、银行转账前置、查询（电话自助）服务前置、第三方业务接口前置等子模块。

3）卡务管理：包括持卡人身份管理模块和金融结算业务管理模块。其功能应包括对持卡人的信息及卡数据进行日常维护、一卡通的申请与审批、制作、发放、卡的操作管理、卡业务及账务报表管理和查询。

4）第三方业务接口：能为新建的和原有的各种信息化应用系统提供统一的身份识别与电子支付服务。第三方业务接口提供第三方业务所需的持卡人信息，第三方系统可通过不同的耦合方式接入。

（2）应用子系统

校园一卡通应用子系统主要为校内小额结算交易和具有身份认证需求的系统提供认证支持，其应用涉及学校教学、管理、学习、科研、生活的各个方面，其主要功能包括注册、缴费、门禁、水（电）、餐饮服务、校内消费、乘车、自助查询、自助借还图书、医疗、上机、考勤、洗衣、运动健身等管理，支持银行转账、代扣代缴、财务报销认证、手机充值、电话缴费及校园电子商务等，同时具备持卡人分级权限管理、持卡人信息黑名单管理、账务处理、各类分析报表等功能。

3. 校园一卡通应用场景案例

（1）考勤管理子系统

考勤管理子系统提供考勤和时间管理功能，为考勤管理、加班请假等提供现代化的管理手段，为工资核算提供财务接口，提高了管理工作的效率，从而实现考勤门禁的现代化管理，使管理者及时、迅速、准确地了解相关人员的出勤及出入情况，改善人事管理模式。

考勤管理子系统的功能有考勤统计时间单位灵活，可由用户自由设定；可处理复杂的出勤情况，能进行正常出勤管理，异常出勤管理，加班管理；能实现多种班次倒班；可提供完善的考勤报表；可对任意时间段进行统计，同时可对月统计进行汇总；可对上下班分别设定有效打卡时间段。

1）考勤基本参数设置：给用户排班之前设置一个班次规则，每一个班次都有一个班次规则。包含对每个班次的时间定义、是否免刷、是否计为加班、迟到忽略分钟数、早退忽略分钟数、迟到加班早退计算方式、休息日/节假日/日常加班倍率、旷工计日时间、打卡时间规则、响铃次数及响铃延迟等。

2）打卡规则设定：设定哪些时间段内打卡有效。

3）响铃时间设置：对考勤机设定一个响铃时间，响铃规则的设置是为了考勤机能定时响铃，提示上下班，功能包括响铃时间和响铃时长。

4）支持人工打卡：如果出现刷卡异常或是员工忘记打卡，可以进行人工打卡登记特殊考勤管理，包括加班管理、出差管理、调休管理等。

5）人员考勤排班：对人员进行排班，分为批量排班及特殊修改。

6）排班规则设定：可设置多条排班规则，规则内容包括基本班次、排班分组、排班规律、建立和维护排班表、批次调班、加班控制及加班条等，用于对人员进行排班处理。

7）假期设定：主要是与假期有关参数的设置，如周休日、节假日、请假、出差等。

8）考勤数据管理：对考勤数据实施综合管理，如考勤数据采集、手工签卡等。

9）考勤数据处理：根据系统的参数设置，对刷卡数据行分析处理，产生考勤结果，并对结果进行评估及调整；可按多种条件打印报表，如个人、部门、班组、不同时间段等；可按日、月汇总考勤记录，并可生成报表。

10）信息查询：可查询和打印某一日期段的考勤记录；系统操作员管理功能可建立不同级别的系统操作员，操作相应的系统功能，便于系统的管理和维护。

（2）门禁管理子系统

门禁管理子系统为校园出入的场所等提供门禁管理功能，只有持卡并被授权的用户才能在被指定的时间段进入指定的场所，可利用门禁控制器采集的数据实现数字化管理，规范内部人力资源管理，提高重要部门、场所的安全防范能力，有效地解决传统人工查验证件放行、门锁使用烦琐、无法记录信息等不足。

1）门禁管理子系统功能有门禁、考勤一体化管理，门禁数据可用于考勤，刷卡进门的同时自动考勤。

- 系统参数设置：设置系统的基本参数，设备参数，如人员分组、时间段设置、权限及时限设置。
- 设备参数配置：包括控制器类型、报警、互锁、紧急情况下密码等一些参数的设置。

2）门参数配置：主要是配置门的基本参数，与门相关的读卡头参数和门时段参数。

- 门禁控制器参数设置：设置门禁控制器的各种参数，如日期、时间等；同时下载到门禁控制器。
- 门禁权限管理：对人员的通行权限、通行位置、通行时段进行统一管理，可按单独或批量两种方式进行权限的设置及下载。
- 黑名单管理：对黑名单进行统一管理，并下载到各门禁控制器中。可提供门互锁功能，可设置两门互锁，如果一门没有关好，二门不允许人员进入。还可进行报警、火警设置。可设置报警、火警时自动打开哪些门，一旦发生紧急情况，相应的门将自动打开，让门里面的人逃生。
- 特殊开门密码设置：可设置超级密码，即用户只要输入密码就可以开门，系统不记录该事件和按密码的人；可设置胁迫密码，即工作人员被人胁迫要求打开门时输入的开门密码，此时控制中心会进行计算机报警提醒值班人员注意。
- 实时监控管理：可对所有门的状态及人员刷卡的行迹进行实时监控跟踪管理。
- 门禁数据统一管理：对所有门禁数据进行综合管理，提供查询、统计等功能。
- 信息查询：可实时查询某个门禁点的刷卡记录，查询任意时段的所有刷卡信息，方便管理；记录开门者的卡号和出入时间，自动转换成开门者的姓名。
- 统计打印功能：可查询和打印某一时间段的刷卡信息，自定义某时间段的刷卡统计表，可查询和打印任何时间段的所有门禁刷卡信息。

（3）水控管理子系统

采用智能水控管理子系统，日常生活用水都用自己的消费卡完成结算，按需消费，自动结算，结算准确、高效，后勤服务省时省力，达到收费合理化、管理科学化，有效杜绝浪费现象。

水控管理子系统的功能包括独有的节水设计，采用读卡和红外感应双重方式控水；自动结算，系统数据实时传输，系统自动结算，实现无人值守，节约人力成本；采用红外遥控器设置参数和参数查询，费率设置科学、丰富、灵活；电源驱动器具有漏电保护功能，同时控水器采用全防水设计，安全可靠；系统自动识别使用者身份，按照不同的费率进行结算，计费到人。

水控管理系统软件主要包括：基本资料、账户管理、设备数据、财务报表、操作明细及系统维护6大模块。

1）基本资料：包括人员类别、卡类设置、水控机参数、营业点设置、水控机设置、操作员设置、制作授权卡、系统参数等功能，能够完成系统中最为基本也是最关键的一些设置项。

2）账户管理：包括用户卡的注册、充值、注销、用户查询、信息变更等功能，可完成对用户卡的所有操作。

3）设备数据：该模块包括采集卡的制作、读采集卡数据、联网采集数据、下传参数及用户资料等功能。

4）财务报表：可实现财务结算和管理所需求的查询和报表打印。

5）操作明细：给出按操作员分类、水控机分类、营业点分类的明细查询及报表输出；同时也可通过系统操作日志记录系统操作中每一个关键步骤，如进入/退出系统、批量变更等。

6）系统维护：包括对系统的数据手工备份及系统的锁定功能等。

5.3 智慧校园应用平台建设

智慧校园应用平台包括智慧教学环境、智慧教学资源、智慧校园管理、智慧校园服务4部分，其中智慧教学环境建设可参看本书第4章有关内容，本节主要介绍智慧服务平台、智慧管理平台、智慧教学平台与资源集成平台建设。

5.3.1 智慧服务平台

1. 智慧服务平台的总体要求

智慧服务平台的总体要求如下。

1）院校应统一规划各类应用服务，根据自身特点和需求，分步构建或引用来自校内外的应用服务。

2）各类应用服务应实现有效集成，避免服务间的信息孤岛。应用服务集成包括统一身份认证、统一信息门户和统一公共数据。

3）各应用服务中使用的管理信息元数据应遵循 JY/T 1006—2012 和 JY/T 1005—2012 的相关规定。

4）各应用服务中使用的数字资源元数据应遵循 CELTS-3《学习对象元数据规范》和 CELTS-41《教育资源建设技术规范》的相关规定。

5）应用服务应能适应学校的发展，满足学校教学改革和创新的需要，不断进行扩展。

6）在用户数量多、使用频繁的情况下，应确保应用服务的稳定性和可靠性。

7）应用服务应具有开放性，提供开放接口，便于与其他应用服务进行集成。

8）应用服务应具有操作简单、易于维护的特点，对技术人员依赖程度应低。

2. 智慧服务平台的主要功能

智慧服务平台的主要功能包括校园生活服务、运维保障服务、虚拟校园服务、社会服务和校园安全服务，如图 5-7 所示。

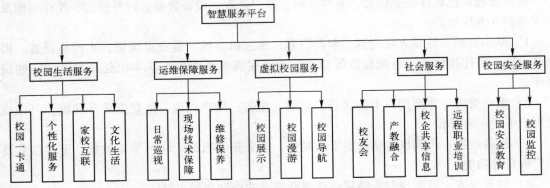

图 5-7　智慧服务平台的主要功能示意图

（1）校园生活服务

校园生活服务包括以下功能。

1）校园一卡通：校园一卡通的服务功能介绍请参看本书 5.2.4 节。

2）个性化服务：具备在线咨询、在线求助和在线订阅等功能。

3）家校互联：适用于中小学，学生家长能便捷地在线了解学生的在校轨迹记录，并具备家校互联和互动信息数据记录保存等功能。

4）文化生活：具备提供在线娱乐及服务等功能。

（2）运维保障服务

运维保障服务包括日常巡视、现场技术保障和维修保养。

1）日常巡视。日常安全巡视服务是智慧校园安全、稳定、高效运行的根本保证，宜采用在线远程监控和现场巡视相结合的方式，并建立"巡视档案"单元，其功能模块具备以下内容。

● 巡视日志：包括"巡视日期""巡视技术人员""巡视时间""巡视区域"和"设施状态""设施预警"和"处理结果"等栏目。

● 远程监控日志：包括"监控日期""监控技术人员""监控时间""设施状态""设施预警区域地点"和"处理结果"等栏目。

● 服务质量评价：包括"服务质量评价"（列出"优""良""中""差"供选择）和"意见与建议"等栏目。

● 系统具有自动生成各类表格和基于内容的查询的功能。

2）现场技术保障。现场技术保障指学校重大活动、重要会议的技术保障工作，其功能模块具备以下内容。

● 时间预约：包括"议程导入""活动期限（起止时间）""举办地点""人员规模"和

"备注"等栏目。

- 装备预约：包括"设备系统需求"（列出常规应用系统供选择）和"特别说明"等栏目。
- 联系方式：包括"预约单位"及"负责人""联系人"，"技术服务单位"及"负责人""联系人"等栏目。
- 服务质量评价：包括"服务质量评价"（列出"优""良""中""差"供选择）和"意见与建议"等栏目。
- 系统具有自动生成各类表格和基于内容的查询的功能。

3）维修保养。智慧校园具备基于监控系统设备感知的智能报警、智能监测和现场巡视的故障排除条件，设施维修保养服务功能模块具备下述内容。

- 设备保养日志：包括"设备编号""设备名称""保养日期""保养人员""保养时间"和"维修申请""意见建议"等栏目。
- 设备维修日志：包括"设备编号""设备名称""维修日期""维修人员""维修时间"和"验收人员"等栏目。
- 服务质量评价：包括"服务质量评价"（列出"优""良""中""差"供选择）和"意见与建议"等栏目。
- 系统具有自动生成各类表格和基于内容的查询的功能。

（3）虚拟校园服务

虚拟校园是利用虚拟现实技术、仿真技术、地理信息系统技术等构建的具有校园展示、自由漫游、地图导航、信息系统管理等功能的三维智慧校园。

1）校园展示：可快速放大、缩小并图文并茂全方位地以三维立体形式展示局部或校园全景。

2）校园导航：可通过搜索引擎快速查询校园布局设计、交通布局、教学及生活环境、建筑物内外情景和人文景观，并定位展示相应目标的路线导引。

3）校园漫游：校园漫游的主要功能如下。

- 全面展示三维校园虚拟场景，能够自由漫游、按路径漫游、改变视点进行环视，让浏览者获得身临其境的体验。对现实校园建筑形状、地理形态进行仿真，虚拟现实校园的全部场景，再现学校的学习、生活的娱乐场景，提升学校形象，宣传校园文化。
- 集成丰富的校园生活信息平台，以交互方式查询和漫游教学楼、宿舍楼、图书馆、餐厅、实验楼等学校设施。
- 在虚拟三维环境中以动态交互的方式辅助校园规划，为校园规划和设计提供可视化效果，提高校园管理的效率和科学化水平。

（4）社会服务

社会服务是指面向社会提供的数字化服务，主要包括校友会、产教融合服务、校企共享信息服务和远程职业培训等。

1）校友会：校友会是校友管理的重要工具，还可为在校生分享成功的经验，树立学习的楷模。校友会的主要功能如下。

- 校友会和校友信息的智慧化采集、处理、传播和检索，实现信息共享、资源互用。定时群发短信、电子邮件、站内消息等功能。

- 动态智慧更新校友会数据库和校友数据库。校友数据管理分为在校生数据管理、校友数据管理、教职工数据管理、校外导师数据管理、重要校友数据管理5类。
- 促进校友网络互动，增进校友感情、培养和管理各地分会，凝聚校友资源。
- 在线调查功能，搜集校友反馈信息，以提高在校生的人才培养质量，为校友提供校友捐赠、校友刊物、招聘求职、供应需求等服务。
- 展示校友人生发展的典型案例，为在校生分享成功经验，促进在校生树立人生梦想。

2）产教融合服务。办学层面的产教融合是指职业院校根据所设专业，实现产业与教学密切结合，相互支持，相互促进，把院校办成集人才培养、科学研究、技术服务于一体的技术技能积累与创新实体，形成院校与企业一体的办学模式。产教融合服务支持职业院校实施订单式培养、校企一体化建设及以教学产品为纽带的生产服务活动，有助于形成良性循环模式。

3）校企共享信息服务。校企共享信息服务是基于分布式数据库技术和网络技术，实现集教学、科研、生产、培训等多种信息于一体，多行业、大容量、高水平的共享信息服务。该服务支持职业院校进行企业引入、设备共享、技术推广、岗位承包、校企共训及培训移植等活动。

校企共享信息服务由图书及数字资源共享、校企合作信息发布、校企合作项目管理、顶岗实习管理、资源库等组成，主要包括信息服务模块和资源库两部分。信息服务模块包括动态信息发布、优秀企业展示信息管理、优秀个人展示信息管理、招工用工信息发布检索、求职信息发布检索、信息共享联盟及智能化简历等；资源库包括企业信息库、岗位技能库、个人简历库/人才库、用工信息库等。

校企共享信息服务的主要功能如下。
- 校企合作信息发布：包括校企信息发布、展示校企合作成果以及发布合作动态等。
- 校企合作项目管理：包括校企合作项目的申报管理、流程管理和数据统计、职业院校教师进入企业考察和共同研发项目的进程控制、项目过程中的信息资源共享等管理。
- 顶岗实习管理：包括学生顶岗实习的落实、顶岗实习过程管理、成绩评定等，并支持学生、教师、实习单位间的互动交流。
- 资源库：包括建立企业信息库、岗位技能库等专用数据；建立人才库、用工信息库等专用数据和就业趋势信息分析，职业规划计划分析。

4）远程职业培训服务。远程职业培训服务为职业院校外学员职业技能的持续提升提供在线学习服务，支持职业院校开展社区终身学习、高新技术培训、公益性培训、专业提升拓展型培训、岗位资格认证型培训及培训与学历（位）结合型培训等活动。

远程职业培训服务包括远程职业培训管理和在线教学活动支持，后者与网络教学服务（参见5.6）在支持学生学习、教师教学以及课程建设方面有共同之处，应当统一规划，共建共享。

远程职业培训服务的主要功能如下。
- 远程职业培训管理支持学员注册和管理、收费管理、培训项目管理、培训课程管理、培训教师管理及考核认证管理等。
- 在线教学活动支持的功能。

（5）校园安全服务

校园安全服务包括校园安全教育和校园监控。

1）校园安全教育：具备师生员工在线学习安全知识、点播观看相关安全教育视频节目和在线接受安全培训等功能。

2）校园监控：建立校园重要区域、重点部位全覆盖的音视频监控系统及可视化报警系统，具备实时的人员预警管控、车辆预警管控、应急指挥及应急方案等功能。

5.3.2 智慧管理平台

智慧管理平台的主要包括行政办公子系统、人力资源子系统、教务管理子系统、考务管理子系统、科研管理子系统、资产管理子系统、财务管理子系统及综合管理子系统等，如图5-8所示。

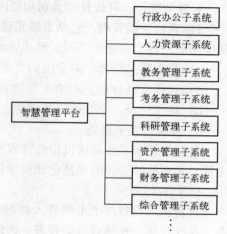

图 5-8 智慧管理平台的构成示意图

1. 行政办公子系统

行政办公子系统是智慧校园的新型办公方式，系统具有收发文管理、个人邮箱、会议管理、日志管理、督查督办、校务要报、视频点播、内部办公短信服务、网上业务办理等多种功能模块，主要功能如下。

1）对公文流转过程中的收文、发文、督办、请示报告等进行管理。

2）对会议安排信息、会议室信息等管理。

3）对车辆申请、审批、计划、调度、派车过程的管理。

4）对单位的用章进行申请、审批、登记实行规范化管理。

5）对来访人员的接待信息进行管理。

6）根据学校自身情况，对新闻动态内容分类，并对不同类别的新闻指定相应的人员进行管理。

7）提供统一的通信平台，实现通讯录、电子邮件、短信、即时通信工具的集成。

2. 人力资源子系统

人力资源管理系统应统筹管理校内所有与人有关的信息，系统具有自动生成各类表格和基于内容查询的功能。

（1）教职员工信息

对校内教职工，校外兼职、校外兼课、临时工等人员的基本信息进行管理，对校内教职工的年度考核情况、进修培训信息、获奖信息、职业资格证书、劳资信息及职称与专业能力等进行管理。

教职员工基本信息还包括岗位证书、学历证书、语言能力、计算机水平、工资、政治面貌、专业技术、行政职务、职业资格、工作经历、配偶情况、家庭及其他成员以及社会关系等，并可相应地进行增加、删除操作。

（2）学生信息

学生信息包括学籍管理、学籍异动管理、素质拓展管理、学生奖惩管理、社团活动管理及成长记录等。

1）学籍管理。对学生学籍信息的登记审核（包含学号、姓名、年级、班级、性别、身份证号及出生日期等的登记）以及查询统计、导出，也可以通过对学籍信息的批量导入进行学籍入档，并提供一个学籍网站的链接。

2）学籍异动管理。异动申请：列表形式展示异动申请信息，可通过学号、姓名查询异动申请并可新增申请。

- 异动处理：列表形式展示，可通过学校、姓名查询异动申请的处理详细信息。
- 异动统计：可按异动类别和原因分别对异动申请的情况进行统计。

3）素质扩展管理。包括素质拓展申请、素质拓展审核、素质拓展考核、素质拓展统计几项功能，各个功能均以列表形式展示，可分别进行查询、增删修改等相对应的操作。

4）学生奖惩管理。对学生的奖惩处分情况的登记和查询统计。

5）社团活动管理。对学生参加的社团情况进行登记和查询统计。

6）成长记录。学生的自我评价、校园评价、成长奖惩、评价总结等信息的管理。

3. 教学管理子系统

教学管理子系统是通过信息管理和过程管理对教学管理工作中主要教学活动进行信息化支持，实现教学管理的规范化和科学化，包括教师指南、学生指南和教务管理。

（1）教师指南

具备从人力资源子系统导入教师档案的功能；支持教师网上备课、在线辅导、网上组卷、在线评价、在线查看课程表、选课学生名单；支持在线填写教学任务、申请调课、录入成绩、临时申请教室、参与评教及查看评教结果。具备重大事项、重要通知、课程安排等动态信息提醒和变更等功能。

（2）学生指南

具备从人力资源子系统导入学生档案的功能；具备在线注册功能；支持学生在线查看培养方案和培养计划、本学期的开课信息、课程表、考场安排、个人成绩等信息，允许学生在线选课、网上学习、在线答疑、在线评教、论文选题等；具备重大事项、重要通知、课表安排等动态信息提醒和变更等功能。

（3）教务管理

教务管理应具备教务公告、专业信息、培养方案、课程信息、教学过程、教室资源、新生管理、分班管理、军训管理、教材管理、毕业管理、学生资助管理和表格下载与数据统计等功能，具体要求如下。

1）教务公告：具备重大教学教务活动、重要事项信息发布和动态变更的功能。

2）专业信息：仅适用于高等院校、职业院校，具备各院系专业设置及相关信息查询功能。

3）培养方案：仅适用于高等院校、职业院校等具备培养方向、课程设置、教学培养模式等知识信息查询功能。

4）课程信息：包括新开课申报、开课信息、课程库信息、教师信息维护等功能模块。

5）教学过程：包括网络学堂、电子课表、考试安排、成绩录入、公开课信息、教学评估及教学建议等功能模块。

6）教室资源：包括教室情况、教室预约等功能模块。

7）新生管理：对新生的预报名、现场复核、资料终审、学生信息管理的情况进行记录，均支持信息的批量导入、报表导出且可进行新生信息的查询、删除操作；对新生的面试情况进行登记，包括新生的表达、性格、文明、面试负责人的登记；对报名的时间进行设置，可选择对应设置是否开启。

8）分班管理：分别对行政班和教学班进行分班分学生操作，可选择对分班参数进行设置，实现一键分班，也可选择手动分班（对每个班级进行学生的添加），在此基础上完成对学生学号的分配。

9）军训管理：查看、发布军训相关公告；进行营连的编制以及各营连学生的分配；对学生的军训进行考核和成绩的查看；对相关制度进行编辑和维护。

10）教材管理：统计教材数据，完成从订购、入库到发放的整个流程。

● 教材目录管理：提供教材的书号、名称、第一作者、出版社、价格信息，可以新增、修改、删除、查询教材基本信息。

● 教材订购申请：搜索教材名称查询，以列表形式展示已订购教材的相关信息，可新增教材订购申请。

● 教材订购审批：对提交的教材订购申请审批情况进行查看，并可删除该申请。

11）毕业管理：

● 毕业审核：对各批次对应学生进行审核，可以一键对同一批次学生进行审核。

● 推迟毕业学生任务。管理登记因特殊原因需要推迟离校的学生情况，并为其分配毕业任务。

● 待毕业数据维护，对待毕业学生进行批次的分配（可增删批次，并对批次的编号、名称进行编辑）。

● 毕业证模板管理：对毕业证模板进行编辑、删除、增加操作。

● 离校、毕业证打印：对离校学生信息进行确认及打印毕业证。

● 毕业统计：以结束学业状况分布为条件进行统计分析，并以扇形图形式展现分析结果。

12）学生资助管理：包括项目资助名称设置、资助初审管理、资助评优上报、资助批准管理、资助发放管理，各个功能模块可进行相对应的查询、编辑、增加、删除等操作。

13）表格下载与数据统计：具备教学教务各类表格填写、提交和数据统计功能。

4. 考务管理子系统

考务管理子系统包括考试管理和成绩管理模块。

（1）考试管理

考试管理模块应具备查询、添加、修改、删除考试相关信息；查询考场配置相关信息并可进行分配待用考场、分配考试时间的增删操作；为各种考试分配时间、考场，并可进行重置安排；为不同的考试分配监考教师并查看安排结果数据。

（2）成绩管理

成绩管理包括成绩登记、成绩复核、成绩查看和成绩统计、分析。

1）成绩登记：根据学期、年级班级、考试查询成绩登记相关信息，且可登记、导入成绩。

2）成绩复核：对考试成绩进行查看并决定是否通过复核。

3）成绩查看：根据考试、年级班级选择查看班级考试成绩。

4）成绩统计、分析：按科目质量、名次、综合质量、学科汇总、总成绩汇总等不同类型进行成绩统计分析。

5. 科研管理子系统

科研管理子系统针对高校日常科研活动的各个环节进行管理，整合高校科研相关资源，为从事科研的教师和学生提供科研资源调度和信息服务支持，为高校科研管理部门提供教科研管理决策支持。科研管理子系统仅适用于高等院校、职业院校，包括科研公告、科研人员基本信息、项目管理、成果管理、科研经费管理、论文管理、奖励管理、保密管理和表格下载与报表数据统计等应用单元，具体功能要求如下。

1）科研公告：具备重大科研活动、科研项目申报、重要事项信息发布和动态变更功能。

2）科研人员基本信息。具备从人力资源系统导入参与科研的教师档案，对教科研人员的工作建立量化指标并进行考核的功能。

3）项目管理：包括新建项目、在研项目、汇款认领、到款历史、项目授权、项目组成员等栏目。

4）成果管理：包括成果查询、成果统计、著作查询、著作录入、专利查询、专利申请等栏目。

5）科研经费管理：对科研项目的经费预算、经费到账、报销支出、经费决算进行管理。

6）论文管理：包括刊物论文、会议论文、著作成果、专利成果、鉴定成果、获奖成果、论文查询、论文认领、论文统计等栏目。

7）奖励管理：包括项目奖、新建项目奖及人物奖、新建人物奖和奖励统计等栏目。

8）保密管理：包括规章制度、保密措施及保密知识教育考试等栏目。

9）表格下载：包括科研各类表格下载、填写、提交和数据统计功能。

6. 资产管理子系统

资产管理子系统支持管理学校各类设备和资产，使设备和资产资源更好地服务于学校的教学、科研、管理、服务、校园文化生活。

（1）设备、家具、图书资产管理

资产管理子系统应具备购置管理、设备建档、家具建档、图书建档等功能模块，具体要求如下。

1）购置管理：包括购置申请、购置过程、合同办理与执行等功能栏目。

2）设备建档：建立包括购置日期、合同或发票编号、设备名称、设备编号、主要技术规格、存放地点、管理人员信息及备注（报废日期等）等存档栏目的表格。

3）家具建档：建立包括购置日期、合同或发票编号、家具名称、主要技术规格、存放地点、管理人员信息及备注（报废日期等）等存档栏目的表格。

4）图书建档：建立包括购置日期、发票编号、图书名称、存放地点、管理人员信息及备注（报废日期等）等存档栏目的表格。

（2）教室与实验室管理

对学校的多媒体教室、实验室、数字化技能教室、虚拟仿真实训室、大场景虚拟仿真实训室、互动体验室、会议室及运动场馆等内的仪器设备、人员等进行信息化管理，并包括实验室开放基金申请、实验室安全标识系统、仪器共享服务平台、实验室信息统计上报等功能模块。

（3）房屋资产管理

房屋资产管理涵盖对全校的教学用房、科研用房、办公用房、生活用房等进行信息化管理；房屋资产从立项计划、审批、招标、使用、维护及分配全过程，包括公用房屋档案、个人住房档案和租赁房屋档案等。

7. 财务管理子系统

财务管理子系统将学校财务管理、监督、控制、服务融为一体，为学校各级财务人员、财务主管、学生、教师和学校领导提供信息化财务环境。财务管理子系统包括个人收入查询、汇款查询、项目经费查询、校园卡查询、公积金查询、纳税申报查询、银行代发查询、工资查询、统一银行代发及自助报账等功能模块。

财务管理子系统功能的具体要求如下。

1）支持对学校内部日常凭证、账簿的管理。

2）对经费自给率、资产负债率、人员支出占事业支出的比率、公用支出占事业支出的比率等账务信息进行分析。

3）对学校各部门的报销、资产、负债、工资、项目经费等总账在会计期间内进行分类核算。

4）对学生的收发费用进行管理。

5）对学校教职工的工资计算、代发等进行管理。

6）对学校的报销信息、报销的审核流程进行管理。

8. 综合管理子系统

综合管理子系统包括后勤管理、报修报损管理等。

（1）后勤管理

对清洁区和班级值日区进行查看、增删改操作；为各个清洁区分配班级，可进行增删操作。

（2）报修报损管理

1）报修报损申请：查询、新增、修改、删除报修报损物品的相关信息，包括故障地点、物品名称、报修报修人等。

2）报修报损审核：对已申请的报修报损情况进行审核，并可删除申请。

3）报修报损处理：可查看已申请报修报损物品的维修状态等详情。

5.3.3 智慧教学平台

智慧教学平台是一个多级互动的系统性工程，支持课堂教学、移动学习和家庭学习3种教学场景，集教、学、考、管、评五位于一体，如图5-9所示。

1. 教

（1）翻转课堂

翻转课堂式教学模式适合基础教育，它是指学生在课前自主完成知识的学习，而课堂变成了教师与学生之间、学生与学生之间互动的场所，包括答疑解惑、知识的运用等，从而达到更好的教育效果。

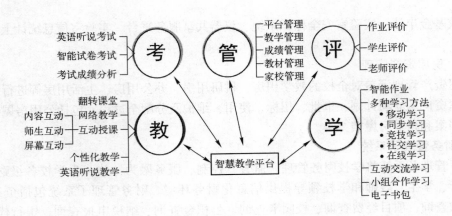

图 5-9　智慧教学平台示意图

翻转课堂式教学主要利用视频来实施教学，它具有如下几个鲜明的特点。

1）教学视频短小精悍。翻转课堂式教学录制的讲课视频短小精悍，大多数只有几分钟的时间，比较长的视频也只有十几分钟。每一个视频都针对一个特定的问题，有较强的针对性，查找起来也比较方便；视频的长度控制在学生注意力能比较集中的时间范围内，符合学生身心发展特征；通过网络发布的视频，具有暂停、回放等多种功能，可以自我控制，有利于学生的自主学习。

2）教学信息清晰明确。翻转课堂式教学录制的讲课视频还有一个显著的特点，就是在视频中唯一能够看到的就是老师的手不断地书写教学内容。这也是翻转课堂的教学视频与传统的教学录像的不同之处。如果视频中的经常出现教师的头像以及教室里的各种物品摆设，就会分散学生的注意力，特别是在学生自主学习的情况下。

3）重新建构学习流程。通常情况下，学生的学习过程由两个阶段组成，第一阶段是"信息传递"，是通过教师和学生、学生和学生之间的互动来实现的；第二个阶段是"吸收内化"，是在课后由学生自己来完成的。由于缺少教师的支持和同伴的帮助，"吸收内化"阶段常常会让学生感到挫败。翻转课堂对学生的学习过程进行了重构。"信息传递"是学生在课前进行的，老师不仅提供了视频，还可以提供在线的辅导；"吸收内化"是在课堂上通过互动来完成的，教师能够提前了解学生的学习困难，在课堂上给予有效的辅导，同学之间的相互交流更有助于促进学生知识的吸收内化过程。

4）复习检测方便快捷。学生观看了教学视频之后，是否理解了学习的内容，视频后面紧跟着的4~5个小问题，可以帮助学生及时进行检测，并对自己的学习情况做出判断。如果发现几个问题回答得不好，学生可以回过头来再看一遍，仔细思考哪些方面出了问题。学生的回答情况，能够及时地通过云平台进行汇总处理，帮助教师了解学生的学习状况。教学视频另外一个优点，就是便于学生一段时间学习之后的复习和巩固。另外，评价技术的跟进，使得学生学习的相关环节能够得到实证性的资料，有利于教师真正了解学生。

（2）网络教学

网络教学是在一定教学理论和思想指导下，应用多媒体和网络技术，通过师、生、媒体等多边、多向互动和对多种媒体教学信息的收集、传输、处理、共享，来实现教学目标的一种教学模式。

网络教学模式分为讲授式网络教学模式、演示式网络教学模式、探索式网络教学模式、讨论式网络教学模式和信息收集整理式网络教学模式。

网络教学具有以下特点。

1）利用网络教学的开放性特点，重新定位教学重心。自由开放的网络、四通八达的站点，意味着教师不再只是知识的传授者，学生也不再是被动地接受者，他们将有更多的自主选择的机会。为了适应信息时代的这种变化，教师在"传"学生各门学科理论之"道""授"学生参与社会生活之"业""解"学生面对新矛盾新问题之"惑"的过程中，必须面对"道"更高、"业"更多、"惑"更深的现实，把教学的重心由单纯传授知识转移到引导学生学习和培养提高学生能力上来。

2）利用网络教学的交互性特点，促进师生之间的双向交流。通过网络教学系统，教师可用"电子讲座"的形式把教学内容与要求传递给学生，再通过智能化的评估系统迅速了解学生的掌握程度，并进一步根据存在的问题及时调整教学方案及实施办法；学生也可以根据自身需要，从中选择更加适合自己的学习内容。还可通过"电子举手"的方式，把学习中遇到的问题及时反馈给教师；同学之间还可以通过"电子论坛"的形式展开讨论。正是在这种网络联系和双向沟通的互动中，"教"与"学"得以不断调整和发展。

3）利用网络教学的共享性特点，优化教学效果。计算机辅助教学首先改变了几百年来的一支粉笔、一块黑板的传统教学手段。它以生动的画面、形象的演示，给人以耳目一新的感觉。计算机辅助教学不仅能替代一些传统教学的手段，而且能达到传统教学无法达到的教学效果。网络教学已经为课堂教学摆脱封闭的教学模式，为构建开放型的教学方式提供了美好的前景。

（3）互动授课

互动授课包括内容互动、师生互动与屏幕互动。

互动授课的方法多种多样，也各有特点，教员需要根据教学内容、教学对象特点灵活运用。主要有精选案例式互动、主题探讨式互动、多维思辨式互动和归纳问题式互动。

互动授课是一种民主、自由、平等、开放式的教学方式。"师生互动"的形成，必须经由教师和学生的能动机制、学生的求知内在机制和师生的搭配机制共同完成，根本上取决于教师与学生的主动性、积极性、创造性，以及教师教学观念的转变。

（4）个性化教学

个性化教学的模式是"多对一"，就是多名教师对一名学生，而且是多名优秀教师对一名学生。智慧教学要尊重学生的个体差异，还要重视教师教学的个性化，这在教学中显得至关重要。个性化教育是学校教育个性化、家庭教育专业化和社会教育系统化的融合和统一，因此，个性化教育将有利于改进学校教育、家庭教育和社会教育的自身缺陷和不足。

（5）英语听说教学

在英语听说教学过程中，通过对听与复述相结合、听与回答问题相结合、听与讨论相结合、听与解说相结合等教学模式的分析、倡导实施"以学生为中心"的课堂教学活动，最大限度的发挥学生的主体角色，促进学生的听说水平的提高，进一步提高英语学习效果和教学水平。

2. 学

（1）智能作业

智慧教学中的智能作业包括布置作业、同步作业、批改作业与作业管理。

（2）多种学习方法

智慧教育中的学习方法有多种，包括移动学习、同步练习、竞技学习、社交学习和在线学习。其中移动学习具有移动性、高效性、广泛性、个性化等特点，为学生提供了一个随时随地学习的互动式电子教学环境。它以加强知识传递为目标，可以显著提升学习效果。移动学习系统自带灵活易用的课件编辑器，可用于开发电子课程，从而能够实现标准化、结构化的电子学习；并且允许学员在没有网络连接时依然能够继续进行流畅的学习。在系统中，教师和学生可以进行交互式的学习，包括多媒体教学、互动讨论、作业点评以及测试反馈。通过细化的学习过程质量报表，教师和学生可以及时调整学习策略，提高学习成效。

在线学习能够支持在线自主、合作、探究学习；支持在线练习、测试；具备师生、生生在线互动功能；具备师生个人空间；具备电子学习档案功能；具备学习分析功能；通过数据总线和服务总线实现与教务管理系统的应用集成；支持与同市级在开放课程平台对接；支持PC及主流移动终端等。

（3）互动交流学习

互动交流学习是学生在学习过程中通过相互之间的帮助与交流，解决课程中的疑难问题与重点知识，进一步调动学生的自主性，提升学习效率，打破时间和空间对学习的限制。

（4）小组合作学习

合作是指两个或两个以上的学生或群体，为了达到共同的目的而在行动上相互配合的过程。小组合作学习是在班级授课制背景上的一种教学方式，即在承认课堂教学为基本教学组织形式的前提下，教师以学生学习小组为重要的推动性，通过指导小组成员展开合作，发挥群体的积极功能，提高个体的学习动力和能力，达到完成特定的教学任务的目的，激发了学生的主动性、创造性，也因此得以充分的发挥。

（5）电子书包

电子书包是一款致力于提高智慧教育、提高家庭和学校配合效率的产品，产品主要针对的是小学教育。智慧教育不仅要充分运用最新的信息化技术，而且要加强教师与学生之间的沟通交流，能使学生掌握必要的信息技术知识，以适应未来社会的要求。要让学生告别沉重的书包，取而代之的是轻便智能的电子书包。

电子书包是一种教学资源系统，是连接教与学过程的载体，它具有呈现力、重现力、传送能力、可控性、参与性5方面的特性。电子书包不等同于电子教材，它使用信息技术，结合图像、视频、音频等多媒体技术，整合多方优势资源，服务于课堂教学、学习情况分析、课外辅导，为学生学习提供帮助和支持，充分体现了以学生为本的理念。同时，一些电子书包除了可以满足学生的需要外，还可为教师提供教学、师生沟通、家校沟通等服务。目前，电子书包的功能主要有：账号管理、班级管理、收发通知、收发消息、发布作业、发布成绩、考勤管理、家教秘书、短信等。

3. 考

智慧教学中的考试系统，包括英语听说考试、智能试卷考试和考试成绩分析。

考试系统同时支持教师、学校、教育机构开展考试工作，考试数据可自下向上进行统一汇总。该系统支持个体教师单一考试和各类统考的动态关联，同时支持在线考试和线下考试的数据合并分析，线下考试可通过多种方式进行学生试卷的录入。

4. 管

智慧教学中的管理包括平台管理、教学管理、成绩管理、教材管理和家校管理。其中家教共管是指运用现代网络信息技术为学校和家长服务搭建一个网络技术平台，成为学生家庭与学校、教师、教育管理部门之间的无缝连接的渠道，有效减轻由于信息和数据交流不畅通所带来的工作负担，推动家长深度参与教育，提升教育管理信息化水平。

家校管理能够实现学校对在家庭的学生进行管理，可根据家庭实际情况分配对应权限和功能；以突破时空限制，关爱留守儿童，促进社会和谐、家庭美满为主，帮助家庭实时掌握融合学生家庭、学校在内的全方位的成长轨迹和学习轨迹，包括学生各个学科学习效果的实时评价；通过多种方式帮助家庭参与学生的学习生活，支持开展和参与家校共享交流、家庭共享交流，生命教育、素质教育等活动，促进家校共管。

5. 评

智慧教学中的评价包括作业评价、学生评价和老师评价。其中实时多维评价系统可以提供实时精准的教师教学和学生学习评价，包括教师教学过程和效果的评价，学生学习过程和效果的评价，各个学科、课程、课时及知识点的授课及掌握程度的准确评价，各级学区、学校、班级、学生的评价等。评价诊断有两方面，一是针对个体学生对各个科目的学习过程和学习效果展开，包括知识掌握情况、学习精力分配情况、不同时间情况等，进行即时、精准的评价；二是针对个体教师对各个科目对授课的过程和授课结果，结合全过程进行即时、精准的评价。同时以学区、学校、班级、科目、课程、知识点等多种条件为纬度，帮助教育管理者、教师、学生和家庭即时了解准确的教学过程情况和教学效果。评价诊断的核心目标是帮助各级教育机构、学校、教师根据不同学生、不同班级、学校的评价诊断结果开展精准、高效、有特色的教学活动和教研活动；通过自适应学习真正做到减负增效。总之，实时精准的教师教学评价、学生学习评价是帮助教师学生减轻负担，增加效率的保障，同时是教育管理者进行教育的现代化管理、教研的重要保障。

5.3.4 资源集成平台

资源集成平台可以为在线用户提供教学资源应用与服务，具有教师开展基于计算机、校园网进行教学、教研和教学准备的数字资源；满足学生开展基于校园网、互联网的自主学习的资源，包括资源制作、资源库、资源应用等应用单元，如图 5-10 所示。

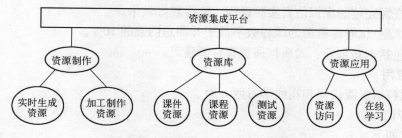

图 5-10 资源集成平台构成示意图

1. 资源制作

资源制作包括实时生成资源和加工制作资源两方面。

（1）实时生成资源的具体要求

1）分类编目能实现实时生成资源的即时分类编目。

2）上传入库实时生成资源具备同步上传存入资源数据库的条件。

（2）加工制作资源的具体要求

1）工具库：根据教学设计要求，建立完备的编辑、加工的工具库，如图库、应用软件库等。

2）素材库：根据教学设计要求，建立完备的素材库，如知识点文档、音视频资料、动画、图片等。

3）分类编目：能实现对加工制作资源的即时分类编目。

4）上传入库：加工制作的资源具备同步上传存入资源数据库的条件。

2. 资源库

资源库的教学资源是伴随着国家教育信息化的过程而形成的一种将资源合理积累、存储、使用的网络系统。它以资源共享为目的，以创建精品资源为核心，面向海量资源处理，集资源分布式存储、资源管理、资源评价、知识管理为一体的资源管理与教学的平台。

教学资源库大体可分为课件资源、课程资源和测试资源 3 种，具体如图 5-11 所示。

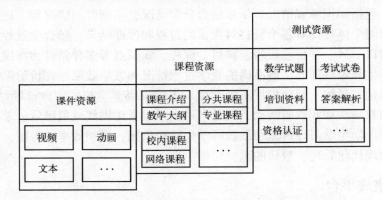

图 5-11　教学资源库组成示意图

教学资源库配置要求如下。

1）数字化资源完整的课程比例不低于开课总门数的 10%。

2）建有资源完整的虚拟仿真实验课程，取得较好效果。

3）建有试题/试卷库资源的课程数不低于开课总门数的 10%。

4）开展包括创新创业、素质拓展教育资源建设。

3. 资源应用

资源应用包括资源访问和在线学习两方面。

（1）资源访问

具体要求如下。

1）根据权限支持用户在不同操作系统平台以及主流浏览器等进行访问管理，用户无须安装插件即可通过浏览器访问平台的资源。

2）具有移动端 App 功能。

3）开放权限，为用户提供统一的检索目录，可促进资源交易交换，提高资源流通效率。

4）资源浏览、下载，根据权限，支持用户对需求的资源进行实时浏览，下载支持视频无插件播放。

（2）在线学习

在线学习包括支持在线课程、现场直播及互动反馈，具体要求如下。

1）在线课程：支持 MOOC 大规模在线课程和 SPOC 小规模限制性在线课程应用模式等。

2）现场直播：实时生成资源支持网络或微信现场同步直播。

3）互动反馈：支持在线讨论、辅导、答疑和相互评价。

5.4 智慧校园应用平台建设案例

5.4.1 智慧校园云平台

智慧校园云平台以丰富的云基础设施，虚拟计算资源、虚拟存储资源、虚拟网络资源、云管理和云安全服务于学校各级部门，提供了一个功能完整、标准开放、方便集成的 IaaS 服务层，可以提供海量数据的存储、处理和分析，为学校各部门集中提供了基础的信息处理能力，承接了各部门的应用系统迁移和部署，实现了相关云数据中心的资源整合、集中部署与统一管理。

智慧校园云平台划分为基础资源层、虚拟资源层、管理服务层和安全防护层 4 层架构，如图 5-12 所示。

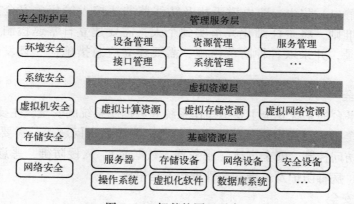

图 5-12 智慧校园云平台

1. 基础资源层

智慧校园云平台的基础资源层包括硬件设备和软件设备。硬件设备有服务器、存储、备份一体机、存储控制系统、SAN 交换机、路由器、交换机、负载均衡、VPN 网关及防火墙等，根据应用规模，硬件性能及规模可在不影响应用正常运行的情况下进行弹性扩充。软件设备有操作系统、虚拟化软件、中间件、数据库系统、云计算管理平台、入侵防御检测系统、身份认证系统、运维安全审计系统、数据库安全审计系统及漏洞扫描系统。所有软硬件设备构建了智慧校园云平台的计算资源、存储资源、网络资源及安全保障。

2. 虚拟资源层

智慧校园云平台的虚拟资源层通过虚拟化技术，将服务器、存储和网络资源统一管理和调度，构成一个虚拟资源池，对内对外提供服务。虚拟化技术为底层资源的访问提供了简单、统一的接口，使用户不必关心底层系统的复杂性。通过运行在服务器上的虚拟化内核软件，屏蔽底层异构硬件之间的差异性，消除上层客户操作系统对硬件设备及底层驱动的依赖，同时增强虚拟化运行环境中的硬件兼容性、高可靠性、高可用性、可扩展性、性能优化等功能。

虚拟化资源层包括虚拟计算资源、虚拟存储资源和虚拟网络资源。

3. 管理服务层

智慧校园云平台的管理服务层通过虚拟化管理软件形成云计算资源管理平台，实现计算、网络和存储等硬件资源的软件虚拟化管理。通过虚拟化技术和基于策略的自动化管理技术，实现了对物理资源、虚拟资源的统一管理和分配，主要包括设备管理、资源管理、服务管理、接口管理和系统管理功能。

4. 安全防护层

安全防护层针对本平台可能遇到的各种安全威胁和风险，加强了信息安全建设，形成有效的平台安全保障体系，保证信息在产生、存储、传递和处理过程中的完整性、高可用性、高可控性，确保各项数据及平台应用能够安全、稳定、可靠地运行。安全防护层包括环境、系统、虚拟机、存储和网络安全。

（1）环境安全

环境安全是整个智慧校园云平台安全的基石。智慧校园云平台的环境安全主要指服务器等硬件设备免遭地震、水灾、火灾等事故以及人为破坏，需要采用防盗窃、防破坏、防雷、防火、防静电、防尘、防电磁干扰及防线路非法接入等相关安全措施；需要建立人员的日常行为准则，将责任细化并落实到个人；需要建立日常巡检制度，随时发现安全隐患，做好记录，并采取各种防范措施；需要建立应急措施，一旦发现安全事件，立即启动应急响应。

（2）系统安全

智慧校园云平台的系统安全主要指操作系统和数据库系统的安全，主要包括操作系统本身所存在的不安全因素，如身份认证、访问控制、漏洞病毒问题等，需要采用关闭无关服务、身份鉴别、访问控制、安全审计（服务器、数据库）、入侵防御、恶意代码控制、漏洞管理、补丁管理、病毒防护及运维安全管理等安全措施。

（3）虚拟机安全

智慧校园云平台虚拟机虽然不易受病毒和其他问题的影响，但也并非坚不可摧，也需要像保护物理机那样保护虚拟机，以防恶意操作或无意破坏。云平台虚拟机安全需采取基准级别安全控制、资源分配、数据流控制等安全措施。

（4）存储安全

智慧校园云平台既存有大量的内部和外部数据，还包括用户的各类隐私信息，虽然采用诸如数据标记等技术可以防范非法访问混合数据，但通过应用程序的漏洞仍可以实现非法访问。为了从根本上解决这一问题，必须通过存储区域划分的方式来实现数据隔离，对系统、虚拟机、物理机和软件进行备份，以较好地解决数据存储安全问题。

（5）网络安全

智慧校园云平台的网络安全主要包括网络架构安全（子网、防火墙和操作系统锁定等物理组件的安全）、网络访问控制（对网络上传输的敏感数据进行加密保护，并对传输信道的两端进行身份认证）、网络入侵防御、网络安全审计、网络设备防护、边界完整性检查，需要采用防火墙、安全隔离网闸、入侵防御系统、网络安全审计、防病毒、网关及强身份认证等安全措施。防火墙能够实现故障转移技术，满足智慧校园云平台的要求。但针对防火墙允许的一些攻击行为，防火墙是无能为力的，所以必须配备入侵防御，对入侵事件进行实时跟踪、报警、阻断和记录。

5.4.2 远程交互式教育平台

远程交互式教育平台提供了双向可视化的通信互动，可以模拟教师与学生的"面对面"交谈，实现远程教学的目的。远程交互式教育平台的主要功能就是高清晰的视频、语音互动，教师通过平台可以看见和听见远端教室里的学生，老师所说的话和操作的计算机画面也同步被远端教室的学生所看见听见。另外，学生可以用智能手机、台式计算机、笔记本电脑等终端随时随地听课和提问，如图 5-13 所示。

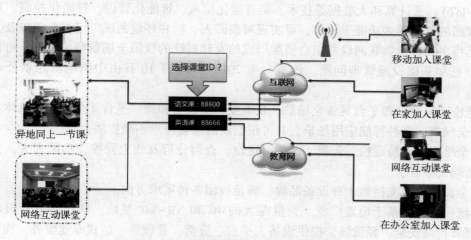

图 5-13　远程交互式教育平台示意图

远程交互式教育平台可在办公室、家中或外面加入课堂。授课的形式有异地同上一节课，即广播式课堂，老师或讲课人可以取消学生的所有操作权限，形成一对多模式的授课环境；网络交互式教学，老师或讲课人在讲课期间与每个学生均可互动，每个学生都有发言、提问和被提问的机会；协作式学习，是以学生为主导的课堂活动，课堂主持人可以将讲课人角色轮流分派给每个听课人，从而能够一起研讨和交流；网络答疑，分为一对一和一对多两种模式，学生可以向不同的教师提问，助教负责维护课堂秩序，协调课堂中学生与教师之间的沟通，使网络答疑有秩序、高效率地进行。

远程交互式教育平台是一套集多种硬件、软件于一体，实现教学资源共享的一种远程交互式教学平台。

1. 硬件

在个人授课点主要有摄像头、传声器、视频显示器3种设备。在学校交互式多媒体教室主要有高清摄像头、标清摄像头、视频终端设备、高清视频采集设备、DLP 大屏显示单元、DLP 大屏处理器、KVM 切换器、全向传声器以及服务器，高清摄像头拍摄教师，标清摄像头拍摄学生，全向传声器收集教师和学生的声音，DLP 大屏幕可以实时显示个人授课点传输过来的视频信号，让学生和教师可真实地看清教学活动现场。

2. 软件

软件系统主要由在线教学互动平台、在线直播系统以及教学视频展示平台组成。在交互式多媒体教室中，教师通过在线教学互动平台观看个人授课点的活动，学生可观摩学习，并与教师互动，技术人员可以对活动现场进行录制。不过，交互式多媒体教室空间上一般有限，只能容纳几十个人，因此，更多的人需通过在线直播系统观看。另外，若错过了教学活动实时直播，学生还可通过回看视频录像进行学习和交流。

5.4.3 智慧校园综合管理平台

智慧校园综合管理平台以建设创新化、生态化、智能化智慧校园为目标，基于窄带互联网（NB-IoT）、云计算和大数据等技术，集智能化接入、智能化管理、智能化控制、互动反馈和大数据的分析等多功能于一体，可实现对校园人、物和环境的统一可视化管理及人性化服务，是将多种智能物联网设备组合搭配形成的有针对性的校园全场景解决方案，可帮助学校解决信息和基础设施管理问题。该平台于 2018 年 10 月 10 日由中国电信北京公司公开发布。

智慧校园综合管理平台具备全场景、全维度、全设备和统一平台 4 个特性，具体如下。

1）全场景：多种智能应用场景，并可根据新的市场需求不断扩展。

2）全维度：支持巡检、告警、派单、定位、查询分析及线上操控，功能强大，全面覆盖校园基础设施需求。

3）全设备：可支持数十种设备品牌，满足校园各种需求方向。

4）统一平台：基于覆盖广泛、数量庞大的 4G 和 NB-IoT 基站，依托运营商级基础网络，云部署，高安全，轻量级，提供设备、平台、资费、管理等一站式专业服务，构建即开即用的统一信息门户，可实现校园智能场景的统一信息门户、统一身份认证、统一决策管理及综合运维管理。

目前，该平台已实现智慧门锁、智慧电表、智慧井盖、智慧路灯、智慧消防、智慧停车、智慧环卫及智慧环保 8 个智能应用场景的接入，通过多维度可视化界面、平台大屏显示页面、告警管理页面和智慧校园巡检管理页面，为客户提供个性化、可定制的物联网智慧管理服务。

5.5 实训 5 参观本校网络信息中心平台

1. 实训目的

（1）了解网络信息中心平台的建设思路。

（2）熟悉网络信息中心平台的组成。

（3）掌握网络信息中心平台的主要功能。

2. 实训场地

参观本校的网络信息中心平台。

3. 实训步骤与内容

（1）提前与学校网络信息中心取得联系，做好参观准备。

（2）分小组轮流进行参观。

（3）由教师或学校网络信息中心有关人员为学生讲解。

4. 实训报告

写出实训报告，包括参观收获、发现的问题及提出好的建议。

5.6 思考题

（1）智慧校园应用支撑平台的建设原则是什么？

（2）高等学校管理信息中有哪些管理数据子集？元数据结构由哪几部分组成？

（3）什么是统一身份认证？它有何作用？

（4）校园一卡通的软、硬件系统分别由哪几部分组成？

（5）智慧服务平台的主要功能有哪些？

（6）智慧管理平台主要包括哪些子系统？

（7）资源集成平台由哪几部分构成？

第6章　智慧校园文化建设

本章要点

- 了解高职院校校园文化的内涵和作用
- 了解职教特色高职校园文化建设的主要内容和基本策略
- 熟悉校园 IP 网络广播的组成和主要功能
- 熟悉校园 IPTV 互动电视的组成和主要功能
- 熟悉校园微文化的建设要点

6.1　高职院校校园文化建设概述

6.1.1　高职院校校园文化的内涵

高职院校校园文化是社会文化的重要组成部分，是在高职院校这一特殊环境下形成的独特的文化形式，是全体校园人在长期的学习、生活和工作中，逐渐形成的稳定的价值取向、道德规范和行为方式的总和，是一种团体意识，是维系学校团结的一种精神力量。大力发展高职院校校园文化，为社会培养合格的人才，这也与思想政治教育的目标相一致。校园文化作为思想政治教育的有效途径，应保障其传播优秀的思想和正确的道德价值观念，进而保证学校持续稳定地向前发展。同时，在高职院校校园文化潜移默化的影响下，使优秀的民族精神和文化得到传承。

高职院校校园文化以师生为主体，以课内外活动为载体，以高职校园为主要活动空间，以校园精神为主要特征。它是时代精神在学校的反映，是办学理念、办学指导思想在长期的教育教学管理过程中形成的集体意识，它可以对学校师生的思想观念、道德品质、心理人格、生活方式及行为习惯等诸多方面产生直接或间接的影响。

高职院校校园文化建设是高职学生思想政治教育的一项重要工作，在高职院校人才培养中发挥着重要作用。校园文化活动是校园文化建设的重要形式，是学生受教育、学知识的重要载体和平台。

6.1.2　高职院校校园文化的作用

高职院校校园文化在当今的高等教育中应该发挥重要的作用，主要表现在以下几个方面。

1. 导向作用

高职院校校园文化的导向作用是指在具体环境和社会发展阶段中，引导师生树立正确的奋斗目标、价值追求、人生信条和行为准则，形成全校师生的精神支柱和前进动力，共同为经济发展社会进步做出应有的贡献。高职院校校园文化可以通过文化要素集中、一致的作用，引导师生员工接受正确的价值观念和文明的行为准则，使师生员工向着社会期望和要求的方向发展，符合学校确定的奋斗目标。可见校园文化的导向作用主要体现在两方面，一是对高职院校师生员工的思想行为起导向作用；二是对每所高职院校的价值取向和行为规范起导向作用，帮助师生员工形成正确的世界观、人生观和价值观，进一步明确发展目标，顺应社会发展和时代潮流。这种导向作用通过校园环境、精神风貌、整体布局、学术氛围及校规校纪等文化要素，给予每位师生具体的参考和借鉴，形成符合时代发展的价值观念和行为准则。

2. 激励作用

高职院校校园文化的激励作用是指校园文化具有使全体师生员工从内心产生高昂斗志、奋发进取、振奋精神、朝气蓬勃的精神作用，可以激发全体成员的使命感、责任感、持久的驱动力，从而形成开拓进取、勇攀高峰的良好风气，形成你追我赶、万马奔腾的激励机制和竞争机制，在遭遇挫折时不灰心、不气馁，在遇到困难时不退缩、不怕难。高职院校校园文化为师生员工树立崇高理想、确立坚定信念、追求远大目标提供了力量源泉和精神动力。

3. 凝聚作用

高职院校校园文化的凝聚作用主要体现在对团队现有成员的团结和合作，对团队新成员的转化与融合。当校园文化中的大学精神与价值观念为学校师生员工所认同后，就会形成一种较强的感召力和凝聚力，激发全校成员为实现发展目标顽强拼搏、奋发进取的情感，内化成一种积极进取、开拓创新的巨大合力，使每位师生员工体会到在校园文化建设中的主人翁地位，从而产生强烈的归属感、责任感和荣誉感，使全体师生员工筑成一道坚不可摧的精神长城。

4. 规范作用

高职院校校园文化的规范作用是指校园文化对师生员工的行为具有重要的规范约束作用，它借助高校各种文化因素的影响力，根据社会行为方式，将学校师生员工的言行规范到学校和社会期望的轨道上来，创造适宜的精神气候和融洽的学术氛围，形成一种有效的道德力量和"软约束"，以消除心理和情绪上的自我干扰和相互摩擦，减少内耗，协调人际关系，使每个人的才干得到充分发挥。校园文化通过一系列文化，特别是制度文化，实现规范作用。制度文化是指健全的组织机构、完善的体制机制、严密科学的校规校纪、严格的管理制度及浓厚的文化氛围。学校会采用共同的价值标准和行为规范来要求全体师生员工，让他们的一切活动都统一到学校目标上来。

5. 辐射作用

高职院校是社会组织系统中的重要"细胞"。在开放的社会系统中，高职院校和地方与社会的联系十分紧密，校园文化一旦形成，不仅会在校内产生重要影响，而且会形成辐射。校园文化对社会的辐射作用主要表现在两方面，一是发挥理论阵地和学科前沿优势，引领时代思维方向，通过直接的哲学社会科学研究和宣传为社会提供精神产品，如哲学、文学艺术、思想道德建设等；二是用新思维、新理念去影响人的精神风貌，带动良好社会风尚的形成。近年来，全国高职院校开展的暑期社会实践活动、科技文化等"三下乡"活动，都很多地发挥了校园文化的辐射作用。

6. 创新作用

高职院校校园文化的创新作用是指所蕴含的创新因素及全体师生员工的创新思维、创新潜能、创新方法的萌动和开发。校园文化本身包含了丰富多彩的知识内容，充满生动鲜活的创造活力。另一方面，非智力因素的培养要有一定的文化熏陶、文化底蕴，校园文化对非智力因素，如动机、兴趣、情感、意志、性格等的培养具有十分重要的作用。高职院校的校园文化不仅要传承人类文明的优秀成果，更重要的是创新知识成果，不断创造科技文化的前沿课题。只有这样才能承担高职院校在全面建设小康社会的历史使命，培养大批既有实践能力，又有创新精神的大批高级实用性人才，为实现人才强国战略做出贡献。

7. 娱乐调节作用

娱乐是校园文化的重要组成部分，它可以活跃师生员工的生活，调节紧张的工作节奏，增添生活的乐趣。寓教于乐是校园文化的鲜明特色，校园文化在娱乐的同时，还能提高师生员工的艺术责任和审美鉴赏能力，提高师生员工的人文修养和道德情操，有利于提高师生的工作效率，促进身心健康，提高愉悦感，因此要充分发挥娱乐在校园文化建设中的调节作用。

6.1.3　高职院校校园文化建设的主要任务

《教育部、共青团中央关于加强和改进高等学校校园文化建设的意见》（教社政〔2004〕16 号）中明确规定了高等学校校园文化建设的主要任务如下所述。

1）以理想信念教育为核心，深入进行树立正确的世界观、人生观和价值观教育；以爱国主义教育为重点，深入进行弘扬和培育民族精神教育；以基本道德规范为基础，深入进行公民道德教育；以大学生全面发展为目标，深入进行素质教育。

2）重视和加强校风建设，培育良好的教风和学风，形成对教职工具有凝聚作用、对学生具有陶冶作用、对社会具有示范作用的优良校风。

3）积极开展校园文化活动，把德育与智育、体育、美育有机结合起来，寓教育于文化活动之中，促进大学生思想道德素质、科学文化素质和健康素质协调发展。

4）加强校园人文环境和自然环境建设，建造精神内涵丰富的物质文化环境，努力营造良好的育人氛围。

6.1.4　职教特色高职校园文化建设的主要内容

高职院校的职教特色是在一定的办学思想下形成的，是办学思想、办学理念的反映、折射和物化。职教特色是在长期办学过程积淀形成的，是本校特有的、优于其他学校的独特优质风貌。职教特色应对人才培养过程具有优化作用，对提高教学质量具有显著作用，应有一定的稳定性，并应在社会上有一定影响，且得到公认。职教特色高职校园文化建设的主要内容一般包括以下 6 方面。

1. 物质文化建设

物质文化是一种直观性的文化，它直接呈现师生所处的文化氛围，如教学设施、科研设备、后勤装备、生活资料、校园环境、实训基地及活动设施等。物质文化的建设及管理直接反映学校的办学水平，因此，校园文化建设应从以创建优美校园为主要内容的物质文化入手。

高职校园物质文化是高职校园文化建设的前提和条件，是精神文化、制度文化、行为文化赖以生存发展的基础和载体，是实现职业教育目的而建造和设置的各种物质设施和环境的总称。

高职校园环境的建设要做到"四化"，即绿化、美化、净化、静化，充分利用校园空间进行植树、栽花、种草，聘请专业人员进行指导，将学校办成"园林式单位"。校园的美化不应只局限在校园的整体布局、楼馆的建筑装修及教学设施（如图书仪器、电教设备等）的更新添置等物质文化层面，还应表现在通过对校园环境进行点缀所体现出的全校师生的共同思想、共同情感、共同的审美观等精神文化上，如校园板报的设置、办公室课桌的布置以及名人画像、名言警句、艺术作品的悬挂等。同时，要保持校园环境的洁净，并把好校门关，保证学校免受外来干扰。

2. 精神文化建设

高职校园精神文化是校园文化的内核，是物质文化、行为文化和制度文化的综合体现，是学校在创建和发展过程中形成的，是体现学校特色、学生一致认同的思维模式、道德规范、行为习惯和价值观念的总和。因此，在新的形势下，高职院校随着办学硬件的投入和制度的逐渐完善，校园精神文化建设也必须体现与时俱进的精神、创新治校的观念，纳入学校的整体发展战略并形成自己的特色。精神文化的形成、传播和发展能够激发学生的职业和创新精神，引导高职学生增强求知的自觉性和解惑的主动性，促进学生职业能力和职业素养的提升。

精神文化建设是师生共同奋斗的目标，是本质、个性的集中反映，是学校的精神风貌，体现在校风、学风、教风、班风和人际关系的建设与校园环境建设上。

3. 制度文化建设

制度是校园文化建设初级阶段的产物，是为了达到无意识境界而采取的一种有意识手段，是为了保障学校教育的有章、有序和有效而制定的。高职院校制度文化建设，是一项复杂的系统工程，包括高职院校规章制度的制定、修订和执行。从管理学的角度看，科学的高职院校制度文化能增强学校对师生员工的约束力、吸引力和凝聚力，有助于培养朝气蓬勃的学校风貌。学校应把建设具有鲜明职教特色校园文化的活动列入工作计划，并建立相应的考核奖惩制度，以推动和保障校园文化建设的深入开展，并取得应有的成效。

高职院校的规章制度要体现3个特点，一是全，规章制度应该是全方位的，做到事事有章可循，如行政管理制度、德育管理制度、教学管理制度、总务管理制度、内部体制管理制度等；二是细，内容具体明确，操作性强；三是严，纪律严明，赏罚分明。

为了使广大师生了解和掌握各项规章制度，可按适用范围将教职工管理制度及学生管理制度分订成册，用知识竞赛或考试的办法督促学生学习掌握制度内容，使大家明白应该怎样做，不应该怎样做，怎样做是对的，怎样做是错的，违反了规定要受到什么处罚，符合条件将得到什么奖励，从而形成自我激励、自我约束、自我管理的制度文化环境。

4. 行为文化建设

高职院校行为文化是学校的教师与学生在教学管理与学习锻炼中用实际行动来体现和实践的校园文化。行为文化强调"人"在校园文化中的地位，教师和学生是行为文化的主体。

行为文化是师生员工在学校学习、工作和生活的各种行为中所表现出的精神状态、行为风范和文化品位，它是学校精神、价值观和办学理念在每个人身上的动态反映。教风、学风、作风是学校教师、学生和管理工作者行为的集中表现。教师的行为规范具有主导校园行为文化的重要作用。

行为文化是校园的"活文化"，是校园文化的晴雨表，是所有文化的总折射。文化如水，滋润万物，悄然无声，加强学校行为文化建设，是提升学校文化内涵的需要，是推进素质教育的需要，更是提高育人水平的需要。

5. 网络文化建设

网络作为"第四媒体"进入校园，对传统教育提出了挑战，校园网络文化已成为校园文化的重要组成部分，以其独有的方式深刻地影响和潜移默化地改变着学生，特别是对学生的认知、情感、思想和心理。但网络文化并非一方净土，如何进行引导和实施有效的监管，正成为学校德育急需解决的问题。所以要抢占网络思想文化阵地，弘扬主旋律，突出网络政治性、思想性、导向性、理论性、亲和性及多样性。要突破，就要加强研究，努力构建健康文明的、艺术化的、蓬勃向上的校园网络文化环境，使学生在这种文化环境中既获得信息素养和审美能力，又形成正确的信息价值观和道德观。

6. 学生社团活动

学生社团是学生自愿组织形成的团体，以学生共同的爱好和兴趣为前提，具有开放性、灵活性、自主性等多种特点。社团活动的开展成为学生课堂学习的有益补充，让学生在活动中促进自己各方面能力的发展。高职院校社团建设是促进校园文化可持续发展的有效途径，也是凝聚青年学子思想、强化综合素质、促进其全面发展的重要途径。

随着我国高等教育体制改革的深入开展，素质教育已经成为高职院校的必然趋势，而社团活动作为学生的第二课堂，是课外的重要活动平台，丰富多彩的社团活动，可以对学生产生巨大的影响，使其能够通过社团活动提升自己的综合素质。

社团活动的开展不仅仅是学生活动的平台，也是传承民族文化、体验民族艺术的契机。校园社团中包括了大量具有民族特色的社团，比如书法协会、民族音乐协会等，这些协会在开展活动的同时也能够在校园宣传民族精神，体味民族艺术，让更多学生了解中华民族博大精深的民族文化，陶冶学生的情操。

社团活动的内容丰富多彩，方式多种多样，这一特点是创新校园文化活动的突破口。学生可以根据自己的兴趣爱好成立社团，并开展有利于身心发展的社团活动，在社团建设与活动开展中发挥创新精神，让学生自发管理社团，依靠学生自己展开活动。学生具有很多的新思维、新想法，可以在社团活动中得以实践，教师再从社团的整体规划从旁指导，这样的社团才能欣欣向荣，这也正是高职院校社团建设应当不断探索的创新性手段。

高职院校的学生具有很强的动手能力，兴趣广泛，而有效的兴趣引导，能够让校园活动变得更加有活力，学生积极参与其中，体味社团活动过程中的自主策划与开展，能很好地锻炼大学生的综合素质；同时社团作为推动和传播先进文化、弘扬社会主旋律、传承传统艺术的有效载体，把学生的兴趣与活动相结合，能让社团活动充满活力。

6.1.5 职教特色高职院校校园文化建设的基本策略

1. 以学生为本，精心策划活动内容与形式

校园文化，顾名思义，是要"以文化育人"，而不是通过强制、训诫的方式达到目的。学生在校园文化活动中有其主动性，要对文化因素进行选择。因此，校园文化活动的组织和实施，应该围绕涵育学生的精神气质来开展。提升校园文化活动质量是加强高职院校校园文化建设的重要内容，必须坚持"以学生为本"的理念，应从细节入手，切实做到贴近学生的实际，尊重学生的意愿，理解学生的选择。在设计和组织高职院校校园文化活动时，要尊重和突出高职学生的主动性，事先做好调研工作，了解高职学生的需求，再根据需求策划活动，这样才能充分调动高职学生的主观能动性。

2. 加强领导，将校园文化建设纳入总体规划

学院党委和行政是校园文化建设的领导者和指导者，要将校园文化建设纳入学院事业发展的总体规划，并使之与学校的总体建设相适应。高职院校要加强对本校职教特色校园文化建设的行政主导作用，建立相应工作机制，统一领导和指导校园文化建设。党委宣传部作为党委主管部门，负责校园文化建设的规划、牵头、协调工作；应成立校园文化建设领导小组，负责校园文化建设的统筹、检查、督促和落实；各基层单位应有相关的小组和负责人，结合学校实际制定校园文化建设的实施方案及年度工作目标和措施，并组织落实。学校的学报、校报、网络、广播等媒体应该就校园文化建设开辟专版、专栏、专稿，从而形成全体教职员工积极参与理论研究的氛围。

3. 精益求精，努力培育高职院校校园文化品牌

品牌是一个组织或个人的名片，是实力的体现。对于高职院校而言，想要跟上时代的步伐，就必须在学校品牌上下工夫。培育校园文化品牌，是将校园文化由意识形态领域的"无形"转变为品牌建设的"有形"。要建设一流的高职院校，就必须注重校园文化品牌培育，打造自己专有的、无可替代的校园文化品牌。

4. 引进企业文化，体现校企融合特征

职教特色必须要引进企业文化，高职院校的校园文化必定会对现代企业的企业文化产生强大的辐射作用和促进作用，优秀企业的管理理念和企业文化也必定会给高职院校带来强有力的影响。探索校园文化与企业文化互动与融合的途径及其最佳结合点，关系着具有高职特色的校园文化的建设，关系着高职院校人才培养能否成功与企业实现对接，所以应注重培养目标和价值取向，把企业文化融合在课业文化与行为文化之中。

高职院校的人才培养目标是培养生产、建设、管理、服务第一线所需要的应用型高素质技能型人才。高职院校的校园文化应注重营造一种像企业一样的技术氛围，坚持以技术教育为主导的办学思想。高职院校的发展视野必须向企业延伸，教育资源配置、师资队伍建设、课程体系建设、教育手段、考试考核以及校园文化活动等诸多方面都要体现技术教育的特点，以实训基地建设、"双师型"教师培养、工作过程为导向的课程体系建设等为重点。在校园文化活动方面，要以营造学技术、练技术的学习氛围为主题，实践"技术自尊、技术自强、技术创业、技术人生"的教育思想，广泛开展技术创新活动。

校园文化中的价值标准是指学校全体师生员工对实现培养目标所实施的各种活动的意义及重要性的看法与评价，是全体师生员工为人处世以及判别是非、好坏、善恶、美丑的价值取向，给他们以心理上的约束和行为上的规范。

高职院校要确立企业化的价值标准，是把为企业服务看成高职院校的最大价值取向，要充分体现人本主义。在各种办学的实践活动中，要时时处处关注和维护学生和教师的权益，尊重师生员工，使他们的积极性、创造性能够得到充分发挥。

高职院校要充分利用企业资源为教育教学服务，学生的考试考核及教育教学质量的监控与评价等各环节都应有企业的参与，要形成学校和企业两个育人环境、两个育人主体。

5. 突出高职特点，打造特色校园文化

校园精神文化是校园文化的核心，是学校的灵魂，是学校本质、个性、精神面貌的集中反映。要充分挖掘学校历史及现实中的崇高精神品质，对校史进行搜集整理归档，改造充实校史陈列馆，实行对陈列馆的专人管理。要为教授、学科带头人、骨干教师、有重大成就的校友及其他先进人物录制有关音像资料，大力弘扬他们的优秀事迹。要重视与学校精神有关的重大活动与节日，如校庆纪念日、教师节等，让教师和学生在活动中潜移默化地接受精神培育，增强自豪感和自信心。要开展"一训三风（校训、校风、教风、学风）"的学习宣传活动，一训三风是学校精神文化的重要组成部分，是凝聚人心、激励师生开拓创新、奋发图强的精神旗帜，必须体现学院的办学特点和办学理念。

特色校园文化是高职院校的核心竞争力，是可持续发展的实力，是教育教学的魅力。高职院校校园文化对学院的人才培养、科学发展、社会服务都起着重要作用，是增强高职院校师生凝聚力和向心力的源泉，是提升学校核心竞争力的重要保证，也是使广大师生得到智慧的启迪、道德的升华、人格的完善、知识的吸纳、技能的培养的一种途径。

6.2　校园 IP 网络广播系统

校园 IP 网络广播系统基于 TCP/IP 网络通信协议和数字音频技术，将中心广播控制室的音频信号，经采样编码数字化后，以数据包的形式在校园局域网或互联网上传送到接收端，由接收端解码还原成音频信号，通过功率放大器放大后，传输到最后的扬声器播出。

校园 IP 网络广播系统基于当前已广泛使用的以太网网络平台，充分利用用户已有的网络平台，无须再布线，结合多项数字音频技术，音质可达 CD 音质标准，适用于高考、中考英语听力考试和听力训练，大学英语等级考试也适用。由于校园网络可以无限延伸，不论是几个校区，均可跨网段联接，配合对讲设备，便可对任何一个 IP 终端进行定点广播、对讲。

6.2.1　校园 IP 网络广播系统的组成

校园 IP 网络广播系统一般由 IP 网络广播主机、IP 网络广播对讲控制软件、IP 网络广播终端、IP 网络广播传声器、IP 网络监听音箱、电源时序器、IP 网络系统定时控制器、数字调谐器、MP3/CD 播放器、卡座、调音台/前置放大器、分区控制器、智能广播主机、广播功放及音箱/音柱等设备组成。

校园 IP 网络广播系统拓扑图示例如图 6-1 所示。

校园 IP 网络广播系统具有数字化、个性化、网络化、自动化、人性化、智能化、小工程及零维护的特点，其中个性化、自动化是网络广播系统最显著的特点。个性化，是指基于数字数据网络，每个语音终端都有独立的 IP 地址，完全实现点对点的个性化节目；自动化，是指操作人员预先编排好节目播放表，指定播放终端、播放节目、播放时间，服务器将自动进行播放，无人值守。

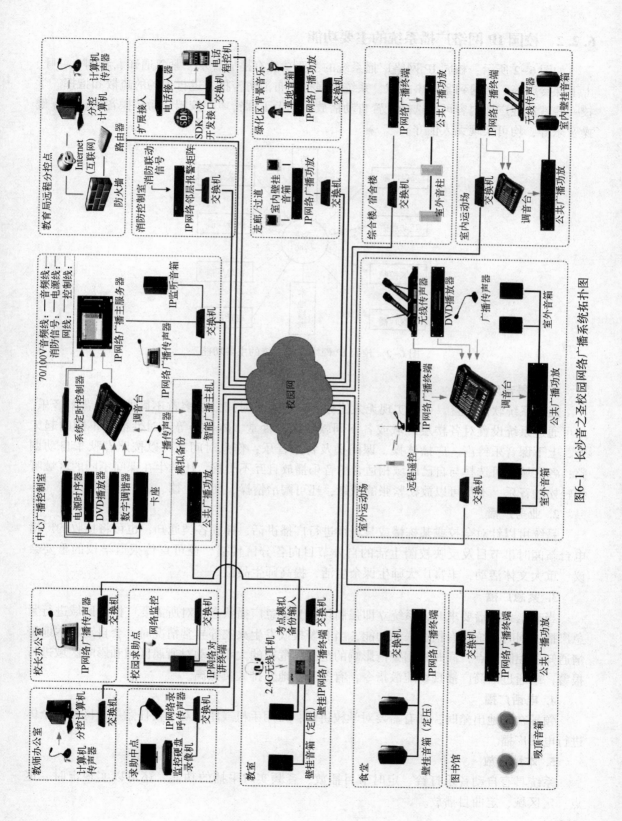

图6-1 长沙音之圣校园网络广播系统拓扑图

145

6.2.2 校园 IP 网络广播系统的主要功能

如图 6-2 所示，校园 IP 网络广播系统的主要功能有播放音乐、紧急通知、新闻、寻呼、上下课铃声等。当遇到紧急事故时，系统会强行发布消防警报，进行现场的疏散和指挥。学校一些常规性广播内容可以选择设置自动播放，如上下课铃声、校园广播体操音乐、眼保健操音乐等，均可实现无人值守。

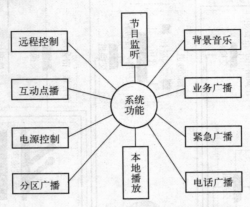

图 6-2　校园 IP 网络广播系统的主要功能

1. 背景音乐

通过系统软件设置，可以实现无人值守、设定多个时间播放多首不同曲目的背景音乐。如可通过系统设置对各楼层区域或各不同教学楼、食堂、体育场等针对性播放不同的起床号、上下课音乐铃声、广播体操、课间操及背景音乐；作息时间表可以按照春秋季自动调整；各区域也可选择与自己区域相适合的音乐播放且互不干扰。让学生在课间不同的区域听到轻松的音乐，不仅可以放松紧张的情绪，还可陶冶情操，使学生德、智、体全面发展。

2. 业务广播

系统可以针对全校或某栋楼或某班级进行广播讲话、播放各类通知，也可将接收的广播电台新闻时事节目及反映校园生活的自办节目向各分区传播，还可宣传报道学校的重要会议、重大文体活动，丰富广大师生课余生活，提高师生品位。

3. 紧急广播

当有紧急广播要求时，系统立即强制切换为紧急广播状态，对所需要广播的区域进行紧急广播；同时系统具有报警联动功能，当有警报或发生火灾等异常情况时，会自动将本地警情通知各控制网点，同时根据警情影响的范围、危害的大小自动对所属区域和影响区域进行报警，或通过话筒广播现场疏散指令，有条不紊地安排人员撤离。

4. 电话广播

领导在外地出差时，如有需要对学校讲话，可用手机或座机对学校任意一个区域或全体进行电话广播。

5. 本地播放

系统具有自动音乐打铃、定时节目播放、音频实时采播的功能，还可以实现定时、定点、定区域、定曲目播放。

6. 分区广播

通过系统软件设定，可任意对某几个区域进行定时广播，如统一对学校教学楼广播上下课铃声，午间休息对食堂、宿舍、校园播放背景音乐等；还可根据需要手动选择区域进行临时性广播，如通知、重要新闻等。

7. 电源控制

系统配备的电源控制器可控制功放及其他播放设备的电源，没有广播时应将设备电源关闭，避免设备长期加电。

8. 互动点播

互动点播包括终端远程点播与无线遥控点播，即可在室内办公室实时与服务器通信，实现背景音乐节目及会议纪要的点播控制；或通过各教室的网络终端，由教师或学生点播事先存储在服务器的海量节目，如音乐、评书等。

9. 远程控制

远程控制是指学校管理者无须到机房，在自己的办公室即可发布对学校的管理信息，利用远程寻呼站进行校园任意点、分区或者全区广播讲话。

10. 节目监听

使用控制软件通过网络可以对单个终端设备或同时对多个终端设备进行音量调节，控制软件具有监听功能，可以随时随地通过网络监听某终端设备的播放内容。

6.2.3 校园 IP 网络广播系统案例简介

湖南某高校是一所具有悠久历史的省属重点大学，是国家"211 工程"、中西部高校基础能力建设工程重点建设院校。截至 2019 年 3 月，学校有专职教师 1850 余人，在校生 4 万余人，研究生 1 万余人，长短期国际学生近 1200 人。

该高校校园 IP 网络广播系统的功能要求如下。

1）实现现有资源全利用功能，将现有的广播线路等设备重新利用起来。节省布线施工。

2）结合整个学区网络情况，利用现有网络或通过建立新网络来实现各分区点和总控制中心的连接。

3）每一个学院（至善楼，景德楼，文学院，理学院）都能单独控制本分部内的所有分区设备，并利用现有的广播设备，结合此套广播系统一起使用。

4）实现统一管理，统一定时打铃，另至善楼可以进行全分区的管理，并了解各分区的运行状况。

5）实现学校上下课铃声自动定时播放，无人值守功能。同时，由于各分部的作息时间可能不同，各学部能任意修改和调整各部的作息定时任务而互不影响。

6）制定各分部相应的权限，各分部的管理单独运行，不影响其他分部的使用。

7）实现各种考试时的打铃，特别是针对各分部同时进行英语考试的能力。

该高校校园 IP 网络广播系统连接如图 6-3 所示。

学校有 7 个校区，占地 183 万平方米，建筑面积 125 万平方米，图书馆藏书 400 余万册。

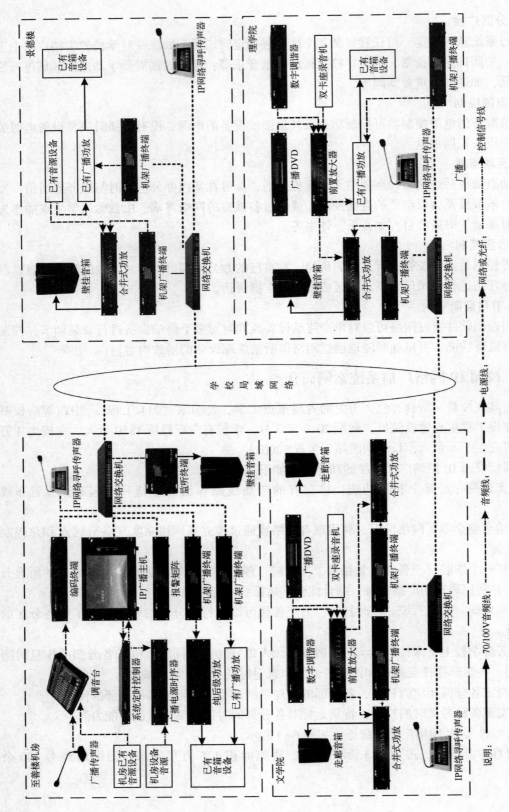

图6-3 湖南某高校校园IP网络广播系统连接图

6.3 校园 IPTV 互动电视系统

6.3.1 概述

IPTV 是一种宽带网络业务，可在 IP 网络上传送电视、视频、文本、图形和数据等，涉及多媒体业务，可利用各种宽网络基础设施。其主要网络终端可为网络机顶盒加电视机或计算机，亦可为手机及其他各类相应电子设备。它集互联网、多媒体、通信、广播电视及下一代网络等基本技术于一体，通过有利于多业务增值的 IP，提供包括视频节目在内的各种数字媒体交互型业务，实现宽带 IP 多媒体信息服务。

IPTV 既不同于有线电视，也不同于数字电视。有线电视和数字电视具有频分制、定时、单向广播等特点，限制了用户与服务提供商间的互动，也限制了节目的个性化和即时化。而 IPTV 凭借 IP 网络对称交互的先天优势，其节目在网内可采用广播、组播、单播等发布方式，灵活实现数字电视、时移电视、互动电视、节目预约、实时快进及计费管理、节目编排等多种功能。另外，IPTV 还可以开展基于互联网的其他内容业务，如网络游戏、电子邮件、电子理财等。

IPTV 主要有点播（VOD）和直播两种业务类型。点播业务有个性化服务的特点，由观众点播自己喜爱的电影、电视剧及其他类型的视频节目；直播业务有节目主导者与节目受众双向互动的特点，多为播放观众与节目主持人语音互动的谈话类节目。

校园 IPTV 互动电视系统主要布置在学校的教室、食堂、办公室等。教师或者学生、相关管理人员等通过触控电视点击或遥控器控制学校的教学电视视频系统，也可以无人值守，集中通过播控平台分组管理每间教室电视终端，真正意义上实现对不同年级播放不同的内容。也可以利用播控平台功能，实现针对某个年级传达视频直播会议。

通过校园 IPTV 互动电视系统，可以实现观看直播电视、电影点播，还可以和课程录播模块做拼接，老师通过平台可以把录制好的教学视频上传到平台，学生就可以很方便地观看任课老师的教学视频。和传统电视教学相比，互动电视系统最大的特点是可以满足更多的个性化需求，比如强制插播、分组管理、信息推送、视频教学类别管理、视频录播、平台统计、终端日志管理、控制每台电视开关机及电视回看等，能更好地适应智能信息化教学。

校园 IPTV 互动电视系统还可以与校园电视台演播室高技切换台相连，与虚拟导播系统相结合，实现配套完整的校园电视系统。

6.3.2 校园 IPTV 互动电视系统的组成

校园 IPTV 互动电视系统是基于行业标准的、在 IP 网络上传送视频及其他信息内容的平台，主要由节目源、网络电视播出前端、IP 宽带网络和用户终端 4 部分构成。校园 IPTV 互动电视系统组成如图 6-4 所示。

1. 节目源

校园 IPTV 互动电视系统的节目源主要包括电视资源（该资源可接入广电或电信 IPTV 信号）、教学资源（包括多媒体微课程）、视频资源（包括院校自办节目视频和介绍校园视频）、应用资源（包括院内图文信息等）。

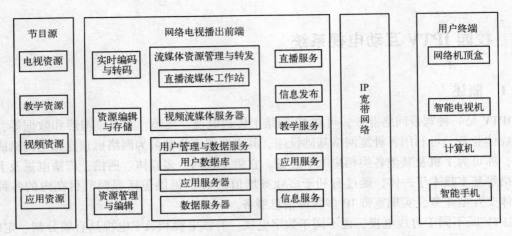

图 6-4　校园 IPTV 互动电视系统组成示意图

2. 网络电视播出前端

网络电视播出前端包括电视节目实时编码或码流转换器、资源编辑与存储、资源管理与编辑、直播流媒体工作站、视频流媒体服务器、用户数据库、应用服务器、数据服务器，可进行直播服务、信息发布、教学服务、应用服务和信息服务。

3. IP 宽带网络

IPTV 的传播媒介必须是宽带网络，所以视频信息的传输要求较大的带宽，且可靠性要求较高。

4. 用户终端

用户终端一般有网络机顶盒+普通电视机、智能电视机、计算机和智能手机以及其他可以接入 IP 网络的终端设备 4 种方式。目前，智慧校园主要使用智能电视机、网络机顶盒+普通电视机和计算机。

6.3.3　校园 IPTV 互动电视系统的主要功能

校园 IPTV 互动电视系统的主要功能有校园电视直播、教学点播、信息发布、校园介绍、名师简介、宣教园地、媒体报道与校园回访等，如图 6-5 所示。

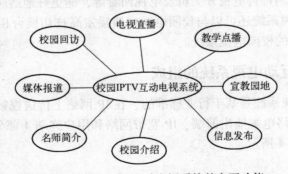

图 6-5　校园 IPTV 互动电视系统的主要功能

1. 电视直播

电视直播主要指有线电视实时转播和电视回看。电视直播节目可以分为校园自办频道、教育频道、有线电视、纪录频道、娱乐频道等，也可以实现针对不同的教学区域设置权限看不同的频道节目。

有线电视直播是将有线电视专线送来的当地有线电视信号，经实时编码器或码流转换器变为合适的直播码流发送给服务器，供终端用户有收看。

学校通过网络摄像机等设备采集节目源，由采集服务器编码成合适的直播流推送到流媒体服务器上，流媒体系统可为用户提供高清画质的视频直播。

2. 教学点播

基于校园网络内部的教学点播，管理人员可以分类别模块、分教学区域上传不同的视频到云存储服务器，为了丰富学生的业余生活和实现教学回顾，可以通过系统自动设置时间定时录制不同的视频，然后上传到云存储服务器供学生后期观看。

教学点播的点播用户在智能 IPTV 高清机顶盒或智能电视机上点击相关按键，启动点播请求，这个请求通过校园网络发出，到达并由流媒体服务器的网卡接收，传送给流媒体服务器。经过请求验证后，流媒体服务器列出节目库中可访问的节目名，使用户可以浏览到教学点播节目单。用户选择节目后，服务器从节目库中取出节目内容，并传送到点播用户端播放。

另外，教师也可根据课堂需要将讲课视频文件上传至流媒体服务器，上课时只要输入自己的密码，即可方便地调用，或者插入可移动磁盘直接在终端上使用。

3. 宣教园地

本功能利用系统平台对全校师生实施形势政策与政治思想教育，也可让全校师生查看校内领导发布的报告等。

4. 信息发布

校园 IPTV 互动电视系统的消息发布功能可针对不同的用户发送不同的消息（滚动）。这样，本校的一些特定用户群（老师、学生）就可以通过终端获得最快捷的文字、图片、动画及视频等信息。信息主菜单有校园场所介绍、图文并茂介绍学校设施、最新消息查询与推送、紧急消息自动弹出发布、视频插播与日志管理等。

5. 校园介绍（校园专题）

此功能可以对学校进行视频宣传，宣传学校形象。如校园宣传片、校园风光、校院招生宣传片以及校园专题片等。

6. 名师简介（院校人物）

本功能利用系统平台实时展示本校的院士、知名教授、优秀教师等的相关简介。

7. 媒体报道

此功能可以复制发布国内外媒体对学校工作、活动、人物及科研成果的宣传报道，供全校师生回看。

8. 校园回访

本功能利用系统平台，真正做到了学校与社会与学生的互动，学生可以及时在系统平台反馈意见，校领导可以实时通过电视系统平台或手机查看建议或意见，并及时解决问题。

6.3.4 校园 IPTV 互动电视系统案例简介

北京某高校 IPTV 互动电视系统主要包括电视直播系统、视频点播系统以及学校信息管理服务系统。电视直播系统以及视频点播系统都是通过校园 IP 宽带网络传输信息，保证了视频传播的带宽。该校 IPTV 互动电视系统的物理拓扑图如图 6-6 所示。

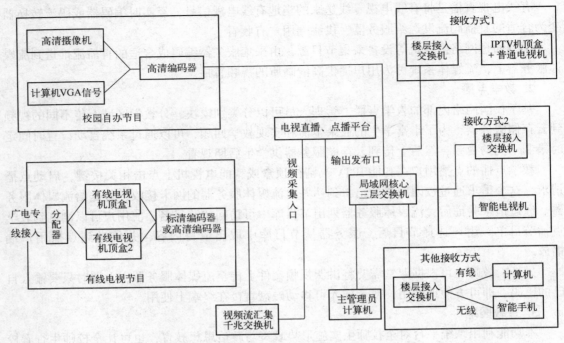

图 6-6　校园 IPTV 互动电视系统物理拓扑图

　　该校为了完善校园网络服务，丰富学生的课余生活，校内 IPTV 互动电视系统包含了27 个标清频道和 3 个高清频道。该校 IPTV 互动电视系统的计算机端网页示例如图 6-7 所示。

图 6-7　某校 IPTV 互动电视系统的计算机端网页示例

该校校园 IPTV 互动电视系统的主要栏目在图的上方，分别是首页、视频新闻、校园专题、名师简介、基层展播、媒体报道、精品讲坛、宣教园地、有线电视、影视交流、图说院校、通知公告和资源下载。图 6-7 中展示的界面是宣教园地专栏内容。

6.4 校园微文化

6.4.1 微文化概述

微文化是互联网迅猛发展的产物，是一种新型的文化形态，不仅对高职院校校园文化建设产生了一定影响，也带来了新的课题。高职院校在建设智慧校园的同时，必须加强文化引导，积极营造良好的校园文化氛围，努力建设丰富多彩、健康向上的校园微文化，使校园微文化建设最终为校园主流文化建设服务。

高职院校微文化是在移动互联时代以高职院校学生和教职员工为参与主体，通过微博、微信、手机 QQ、微小说、微电影及微公益等多种"微"形式表现出来的，彰显个体的主体性、平等性和独立性的文化形式。微文化随科技的发展而产生，在某种意义上是自发形成的，高职院校微文化的兴起也是如此。微文化作为网络文化的新发展，同网络文化一样，对人的影响既有正面、积极的，也有负面、消极的。所以必须加强建设，才能确保健康发展，充分发挥其正面效应，消除其负面影响。因此，做好高职院校校园微文化建设，对学生的生活学习与学校的发展至关重要。

6.4.2 校园微文化的特征

校园微文化作为一种新型的文化形态，具有以下特征。

1. 传播形式多元化

在智慧校园中，微文化的存在形式是多样的，如微博、微电影、微视频、微小说、微信等，都是微文化的不同形式。特别是近年来随着 4G 智能手机的普及和数字技术的推广，微博、微信、QQ 等更是以其突出的个性化、便捷性、互动性、开放性等优势，深受在校大学生的青睐，成为校园微文化传播的新载体。

就高职院校而言，由于微文化的传播主体不同，也形成了不同形式的微文化。其实，高职院校微文化就是由微文化的传播主体（即高校教职员工和广大学生）共同创造的，并由此形成了高职院校的管理微文化、高职院校教师微文化与大学生微文化等不同的微文化形态。

如高职院校的教师微文化传播，是以传播知识、辅助教学为主要目的的。当下，微文化已经融入日常的教学活动中，并对教育教学产生了一定的影响，微课、翻转课堂等都已经改变了传统的教学模式；教师的教案、备课笔记、教学反思以及课堂教学录像等微课资源都可以放到网上，能更好地让学生按需选择学习，成为传统课堂学习的一种重要的补充资源。

2. 传播内容复杂化

不同微文化形态的存在，决定了高职院校微文化建设的内容是多样的，也是复杂的。高职院校的管理微文化，是弘扬校园主流文化与传统文化的主阵地，是立足校园、面向社会构筑以学校官方主流微文化为主力军的校园微文化总体格局，主要是通过传播微文化达到育人之目的。

大学生微文化是有别于高职院校管理微文化与教师微文化的。伴随着微博、微信等新载体的不断发展，大学生们在虚拟网络空间中的交流更加便捷，也更加随意、自由。微文化的自由是指包括大众在内的各行为主体构成的自媒体通过微媒介可以运用音频、视频、文字或图像形式进行实时、互动的信息传播或交换，信息的设置权取决于传播主体或者信息控制者。

由于在传播信息的时候很少对所传播的内容进行筛选和甄别，学生对网络上出现的不健康内容往往缺乏正确的认知与辨别能力，对信息的真实性与准确性也不多加关注，致使所传播的信息往往真假掺杂，这给校园的微文化环境增添了很多不确定的因素，同时也造成了校园微文化内容的复杂性。

另外，微文化传播的内容也是各种多样的，它可以是一句话，可以是一篇短小精悍的文章，可以是一个表情符号，可以是一段视频，可以是一张图片，也可以是一段文字外加表情符号、图片，等等。就具体的传播内容而言，微文化的内容常常是形形色色的，是各种思想、各种观念、各种文化的交汇与融合，呈现多元化的倾向。

3. 传播信息快捷化

随着互联网技术的推进，信息传播变得异常快捷，网络信息的浏览、吸收、传递、更新也变得异常快速。人们通过网络，不仅可以随时了解国内外所发生的重大事件，还可以瞬间知晓国内外正在发生的大事。特别是微博、微信的出现，人们可以随时随地地接收和发布信息，还能在第一时间进行现场直播，也能在第一时间对突发事件做出反应和评价。

6.4.3 校园微文化的建设要点

微文化在高职院校育人过程中，既能带来有利的影响，也会带来不良影响，具有双面性。面对微文化建设的双面性以及校园微文化传播内容的复杂性，高职院校在建设智慧校园的同时，必须加强文化引导，积极营造良好的校园文化氛围，努力建设丰富多彩、健康向上的校园微文化，使校园微文化建设最终为校园主流文化建设服务。

1. 加强引导

对于校园微文化的建设，学校必须加强引导，积极构建高职院校校园微文化的新环境。高校管理阶层不仅要积极研究开发学校微信公众平台、官方微博平台以及手机客户端，通过量身定制微官网，向全校师生及家长提供自媒体平台与家校互通平台，为学校、教师、学生、家长的交流沟通提供便利。

学校微信公众平台、官方微博平台以及手机客户端的建设，要坚持贴近学生的生活实际，同时尽可能提供各种有益的网络资源，建设成融思想性、知识性、趣味性、服务性于一体的主题教育网站。高职院校各管理阶层要高度重视网络与自媒体的发展产生的重大影响，主动适应自媒体发展，引领智慧校园新时尚，所以不仅要积极促进学校微官网的内容建设，使各管理阶层的网络产品能吸引广大学生，还要把校园微官网作为学校管理的突破口，利用校园微官网及时了解师生动态，了解学生的学习、生活状况。同时，学校还应通过校园微官网平台构筑以学校官方主流文化为主导的，融合传统文化、微媒介文化的校园微文化总体格局，设计丰富多彩的校园微文化，如微博校园文化、微信校园文化等，使之与传统的校园文化相辅相成，与学生的管理、学习、生活、思想品德教育相联系，竭诚为学生的成才成长服务。

2. 有效融合

由于微文化与主流文化有融合、平行和背离 3 种关系，因此，在高职院校校园文化的建构过程中，学校应该加强宣传力度，理清主流文化、传统文化与微文化之间的主次关系。学校管理阶层既要传播、弘扬主流文化与传统文化，利用校园微官网传播社会主义核心价值观，多方面对大学生进行社会主义核心价值观教育；同时也要分析、掌握自媒体时代微文化的形态、内容以及传播特点和实际效果，捕捉微文化中积极深刻的价值内涵和人文情愫，摒弃其中与传统文化、主流文化相背离的因素，充分发挥微文化的教育功能，切实实现微文化与主流文化、传统文化的有效融合，努力打造一批微文化精品，使微文化成为弘扬社会主流文化、传播正能量的重要载体。

3. 注重培养

在当今社会，伴随着新媒体技术的发展，新媒体素养教育逐渐引起了人们的重视。由于近年来新兴媒体不断涌现并日益成为在校学生日常生活的重要组成部分，而网络常常又是一把双刃剑，为帮助学生对新媒体有正确的认识，对新媒体内容有正确的甄别与判断，保护网络环境中学生的身心健康，抵制网络不良信息对学生的影响，培养学生正确的世界观、价值观，教育界已经开始意识到新媒体素养是现代社会青少年必备的基本素质，是学校教育中不可或缺的重要一环。

大学生群体是新媒体使用率较高的群体，其新媒体素养不仅与其自身的素质相关联，也影响到高校的人才培养质量。高校对培养大学生的新媒体素养要有足够的重视，要把传媒素养教育课程纳入人才培养体系，结合新媒体的发展实际和学校的教学实际，灵活机动地选择新媒体素养课程的教学模式，合理设置课程体系，使学校切实地成为学生新媒体素养教育的主阵地，为培养学生的新媒体素养做出贡献。

6.4.4 高校微信平台建设案例简介

1. 项目背景

微信是腾讯公司于 2011 年推出的一款以多媒体信息通信为核心功能的免费移动应用程序，用户可以通过移动终端快速发送语音、视频、图片和文字，是目前亚洲地区拥有最大用户群体的移动即时通信软件。同时，微信提供了公众平台、朋友圈等功能，用户可以通过扫一扫、摇一摇、搜一搜或添加朋友功能添加好友和关注公众平台。微信不仅注重信息化、社交性、共享性等方面的发展，还推出游戏、购物、微信支付等商业化功能。

微信公众平台是腾讯公司在微信的基础上新增的功能模块，可以面向企业、政府、媒体、名人利用公众账号进行一对多的自媒体活动，其主要功能定位有群发推送、自动回复和一对一交流，它区别于传统媒体，成为快速传递宣传信息的又一新方式。

高校微信公众平台是以师生为主的使用群体，他们非常青睐于微信的即时性、灵活性、创新性、通用性及零资费等优势。智能手机在高校的普及率非常高，不论是学生，还是教师，智能手机不仅是沟通交流的日常工具，也是大家学习、娱乐的重要工具之一。以微信为代表的新兴网络媒体备受广大师生青睐，教师可以通过微信群向学生们分享以文字、图片、视频、音频等为媒介的学习内容，师生、生生之间可以实现实时的视频、语音聊天。在指尖互动时代，以微信为代表的微应用逐渐发展成为高校里师生们使用智能手机的主要用途。作为一个具有强大瞬时传播功能的微信公众平台，微信公众号订阅服务功能深得广大学生青睐。大学生在微信朋友圈里转发分享的内容都有一个共同的特点，即与大学生的学习和生活息息相关。因此，高校微信公众平台面向的是广大充满活力、思想活跃、大胆创新的大学生群体，应该推送大学生都关心的有价值的信息，为大学生的生活、工作、学习等提供便利。高校微信公众平台的用户属性如图 6-8 所示。

高校微信公众平台的特点与优势如下所述。

1）携带方便，操作简易。智能手机和移动网络的普及意味着微信软件的普及，软件无论在何时何地都能够操作，也意味着微信公众平台的宣传与互动无处不在。相对于台式计算机而言，智能手机是用户随时都会携带在身上的工具，借助移动网络的优势，微信给师生带来很大的方便；同时，对于微信用户来说，其操作方式简单，且软件功能丰富。

2）熟人网络，有限传播，时效性高。高校微信平台不同于其他类似社交平台的特点就在于其建立的好友圈中均是本校的师生，建立起

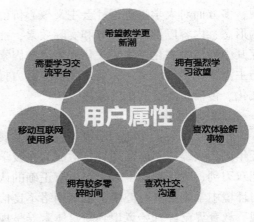

图 6-8　高校微信公众平台的用户属性

来的人际网络是一种熟人网络，其内部传播是一种基于熟人网络的有限传播，其信任度和到达率是传统媒介无法达到的，因此平台能够获取更加真实的客户群。

3）新媒体内容，便于分享。新媒体相比传统媒体的一个显著特点就是移动互联网技术的应用，通过智能手机等终端可以随时随地浏览资讯、传递消息，碎片化的时间得以充分利用，而微信在这方面可谓做到了极致。

4）一对多传播，信息达到率高。任何人和团体都可以申请一个微信公众号，并实现和特定群体的文字、图片、语音全方位沟通与互动。微信公众平台的传播方式是一对多传播，直接将消息推送到智能手机，因此达到率和被观看率几乎是 100%，所以微信公众平台是学校或团体进行业务宣传的一种有力途径。

5）互动性强，信息推送、更新快。微信作为一款社交软件，其互动性强是区别于其他网络媒介的优势所在。尤其是微信公众平台，用户可以像与好友沟通一样来与学校或团体公众号进行沟通互动，学校或团体通过微信公众号可以即时向公众推送信息，迅速更新。同时与传统传播媒体最大的不同就是，微信是主动推送信息，受众人群可被动接受信息。

2. 功能介绍

（1）微信主页面

微信是目前用户数量庞大的一款跨平台的通信工具，用户在微信公众平台上可以与特定对象进行文字、图片、语音、视频等形式的互动。高职院校微信公众平台建设，可以提高学校的文化建设，并为招生就业服务，进一步扩大学校的知名度和影响力。如图 6-9 所示为湖南某职业学院的微信主页面，该微信主页面上设有学校信息、招生就业和阳光服务 3 个栏目。

图6-9 湖南某职业学院的微信主页面

（2）微信自定义菜单建设

如图6-10所示为湖南某职业学院微信自定义菜单。

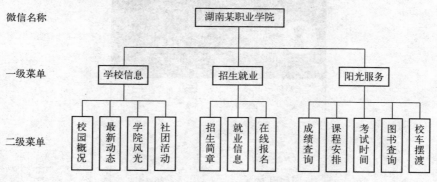

图6-10 湖南某职业学院微信自定义菜单

3. 制作团队建设

作为自媒体的一种表现形式，校园微信公众平台一定要体现学校和个人的风格。湖南某职业学院微信运营由党委宣传部一名副部长负责，并成立了以青年师生志愿者为主体的校级新媒体中心，下设技术组、采编组、推送组、语音组和策划组，如图6-11所示。

4. 应用服务

微信公众号还可结合各个院校的实际情况，实现针对校内外不同人群（教职工、学生、访客）的应用服务，主要功能如下所述。

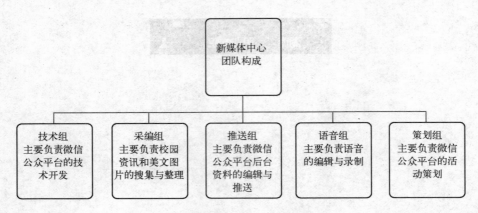

图 6-11　湖南某职业学院微信制作团队构成

访客：查看学校新闻、公共信息查询、招生信息、就业信息等。

教职工：查看校内信息、教务信息（课表、开课申请等）、个人事务（一卡通信息、通讯录、工资奖金等）。

学生：可以查看教务信息（课表、成绩查询、在线评教）、个人事务（一卡通信息、考勤信息）、校园服务（校历、班级通信录、在线评教、调查问卷等）。

如图 6-12 所示为某校某学生的微信公众号截图。

图 6-12　某校某学生的微信公众号的截图

6.5　实训 6　参观本校 IPTV 电视台或 IP 广播电台

1. 实训目的
（1）了解 IPTV 电视台或 IP 广播电台的主要功能。
（2）熟悉 IPTV 电视台或 IP 广播电台的网络架构。
（3）掌握 IPTV 电视台或 IP 广播电台的设备连接。

2. 实训场地
参观本校的 IPTV 电视台或 IP 广播电台。

3. 实训步骤与内容
（1）提前与本校的 IPTV 电视台或 IP 广播电台联系，做好参观准备。
（2）分小组轮流进行参观。
（3）由教师或台里的技术人员为学生讲解。

4. 实训报告
写出实训报告，包括参观收获、发现的问题及提出好的建议。

6.6　思考题

（1）高职院校校园文化有何作用？
（2）校园 IP 网络广播系统的主要功能有哪些？
（3）校园 IPTV 互动电视系统的主要功能有哪些？
（4）校园微文化的建设要点有哪些？

第7章 智慧校园建设实例

本章要点

- 了解智慧校园建设背景
- 熟悉智慧校园建设目标
- 熟悉智慧校园主要建设内容
- 掌握智慧校园的整体架构

7.1 重庆某高等院校智慧校园建设实例

7.1.1 建设背景

学校始建于 1940 年，历经 70 多年的建设和发展，积累了较强的办学实力，办学条件明显改善，办学规模不断扩大，学科专业结构日趋合理，师资队伍建设成效显著，科研实力增势强劲，人才培养质量稳步提高，学校综合办学实力和社会影响力显著增强，现已发展成为重庆市重点建设的高校之一。

学校以人才培养为根本任务，形成了理、工、文、管、经、法等协调发展的多学科体系。学校以本科教育为主，兼有研究生教育、职业技术教育、留学生教育、继续教育。学校办学条件优良，占地面积 2288 亩，校舍建筑面积 87 余万平方米。现拥有固定资产约 24 亿元，其中教学仪器设备总值 2.08 亿元。图书馆馆藏图书资料 230 万册，拥有设施齐全、管理规范的教学实习工厂和工程训练中心、校内外实习基地 170 余个。宽带校园网是重庆教育城域网 4 大主节点之一，计算机网络服务体系完善、运行良好。

学校领导具有强烈的改革和创新意识，近年来不断学习、思考、探索、调整、整合，提出了"学校教育要发展，信息技术必先行"的指导思想，通过精心组织、增加投入、全面建设，学校的教育信息化水平得到全面提高，促使办学水平和办学效益逐步提高，营造了良好的教育信息化氛围，奠定了比较坚实的智慧校园建设基础。

1. 确立了信息化治理新机制，信息化合力初见成效

学校对信息化的治理机制进行了卓有成效的探索与建设，形成了领导决策层、管理服务层和应用操作层三级治理模式。领导决策层是学校党政负责人挂帅的网络安全和信息化领导小组；管理服务层是领导小组工作办公室，挂靠在信息中心；应用操作层为各二级部门。考虑到信息化工作的技术性特征，学校在应用操作层创造性设置了"信息化工作联络人"岗位，负责信息化工作的上传下达，并定期组织全校信息化工作联络人培训会，解释相关信息化制度的管理要点与技术细节，每个部门的信息化工作由联络人负责与信息中心进行沟通。

学校信息化工作组织结构如图 7-1 所示。

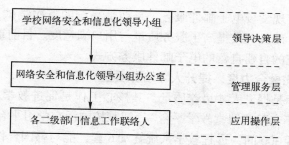

图 7-1　学校信息化工作组织结构图

为了加强信息化工作的横向合作，学校探索形成了"信息化工作联席会"制度，对于信息化工作中需要协调的事项，由需求部门提出申请，信息中心牵头组织相关部门召开联席会，会上当面解决需要协调的问题。学校第一次联席会的主题是通过限制信息资源使用权限，督促恶意欠费学生缴纳学费和住宿费。2015春季学期，学校完全实现了学费缴纳与各信息资源使用权限的关联机制，该学期缴纳的学费和住宿费比同期增长了207%，充分体现了信息化的合力效应。

2. 设备设施完善，教育信息化起点高

学校于2001年3月开始校园网络及信息化建设，十多年来先后投入了近4500万元，目前校园网络已有30 000多个信息点，遍布全校所有教学楼、办公楼、实验楼、学生宿舍和教工住宅，网络覆盖率达100%，且教学、办公区域实现了无线网覆盖。学校目前有两个数据中心机房及一个网络核心机房，总面积400多平方米，当前，IDC机房共有高性能服务器34台，存储设备3套；所有服务器都实现了计算能力的虚拟化，共有CPU资源2360 GHz，内存资源4172 GB，存储资源300 TB；辅之以云管理软件系统构成了完整的"校园云"，并以"云服务"的模式为校内用户提供服务，目前已使用了264台虚拟机，服务对象涉及学校所有二级部门。3个中心机房都配备了大容量UPS，采用双市电供电。机房安装了较为完善的消防系统、防雷系统、监控防盗系统等。现有校园网络用户26 000个，其中学生用户24 000个，教职工用户1800个，其他用户200个。校园网络联网计算机达10 000多台，其中学生联网计算机超过9000台，人机比超过3:1；教师联网计算机超过1000台，人机比超过3:2，日均使用时间为4.6小时/人。目前校园网络办公区域通过中国电信300 Mbit/s带宽、中国联通100 Mbit/s带宽、中国移动200 Mbit/s带宽、中国教育科研网100 Mbit/s带宽与互联网连接，学生区域通过中国电信10 Gbit/s带宽与互联网连接。

3. 全面更新各类业务应用系统，整合信息化资源

学校于2013年全面升级改造了数字化校园系统，将原有的自主开发系统更换为成熟商业系统，一次性部署并成功推广使用13套软件应用系统，对学校各项工作起到良好的支撑作用，充分体现了信息化工作的价值，截至2014年，学校各类应用软件系统共有62个。

在建设应用系统的过程中，学校创造性地提出"应用系统链条"的建设概念。如"学生工作系统链条"就是由招生、迎新、教务、研究生、学工、学生公寓、就业、离校及校友等一系列相关应用系统组成的一根完整的学生工作信息化系统链条，业务前后衔接，数据充分共享，从信息化的角度来看，将分布于各部门的学生工作环节组成了一个有机的整体。

为充分利用互联网云资源，学校从2013年开始突破性采用"SaaS邮件云服务"的方式与腾讯企业邮箱合用实现学校电子邮件服务，是西部高校的首次尝试，并取得了巨大成功，不仅降低了运营成本，而且大大提高了服务质量与用户满意度。目前重庆市有多所高校均采用类似方式改革了传统的自建自营的电子邮件服务方式。

4. 加大教学信息化融合力度，提升人才培养质量

教育信息化的目标是提升人才培养质量，其核心工作是促进教学工作与信息化的融合。学校创新性提出"数字交互式课堂教学平台""智慧校园泛在学习平台"的建设，共建设新型数字交互式教室将近300间；远程教学系统终端6套，能与韩国合作办学的KAIST大学进行远程实时授课；高清录播直播教室两间；微课制作室两间；微课录播室两间。通过以上系统建设，学校把重点优化理工科类专业课程教学方式作为突破口，通过信息化手段助推教学改革，改善了信息化教学环境，提高了优质教学资源建设能力，促进信息技术对课堂教学与课外学习的全方位支撑。

5. 建设完整数据中心平台，真正实现全校数据共享

学校已建设了完整的数据中心平台，其硬件系统由标准化机房、服务器与存储、信息安全设备组成；软件系统包括数据标准、虚拟化系统、"校园云"管理平台、数据共享系统。学校硬件资源较为充裕，有足够的服务器计算机，存储能力满足学校教育信息化的需要。在一系列制度的保障下，通过数据中心，学校已经彻底消除了校内"信息孤岛"，所有数据实现了"归口生产，共同使用"，明确了各类数据的信息标准、生产部门、归属部门、使用方式，并开始探索数据资产管理的相关细节。

6. 构建了完整的信息安全技术体系，确保校园网络安全

2014年，学校创新性提出并建设了"三纵三横"信息安全体系。纵向上分为管理层安全、数据层安全和物理层安全；将数据层安全又横向扩充为网络层安全、系统层安全、应用层安全。根据设计方案，在各个层面选择满足需求的网络管理方式、信息安全设备和软件系统。目前学校实施了VLAN隔离、上网行为管理系统、数据中心区域应用防火墙、数据备份系统、站群系统、网页防篡改系统、虚拟防火墙隔离技术、服务器日志审计及安全管理、统一安全管理和综合审计等十多项技术措施，形成了全方位、立体化的信息安全技术体系。

7. 建设完成校园"一卡通"系统，创新数据收集手段

学校以财务信息化为契机，于2013年开始建设运行"一卡通"系统。在初期建设规划中就明确指出，学校的"一卡通"是学校用户进行身份识别的唯一标志，也是用户活动数据的重要来源。学校目前在"一卡通"数据的基础上开展了贫困生评估、学生在校状态监控、学生消费倾向分析等多项工作，促使了相关部门的工作创新，体现了信息化工作的意义。学校目前正在积极研究扩展"一卡通"的形态，如条形码、二维码、NFC等，并研究与智能手机进行结合，增加用户使用"一卡通"的便利性，同时也细化数据收集粒度。

在"十一五""十二五"期间，学校先后被重庆市教委评为"数字化校园建设示范高校""重庆市教育信息化首批试点高校"。经过多年的建设积累，学校已基本完成了数字化校园的建设，具备了足够支撑教育教学的信息化硬件环境和软件平台，已充分具备建设智慧校园的各项基础条件，为下一步智慧校园建设做好了充分的技术准备。

7.1.2 方案简介

智慧校园概念提出后，如何对智慧校园进行定义成为教育界一个讨论的热点，虽然到目前还没有一个公认的准确定义，但其内涵已经日渐清晰。重庆市教委下发的渝教科发〔2016〕20号文中对智慧校园做了极具代表性的诠释："智慧校园是综合运用云计算、物联网、移动互联、大数据、智能感知和虚拟现实等新一代信息技术，全面感知校园物理环境，智能识别师生的学习、工作情景和个体特征，实现校园物理空间和数字空间有机衔接的智能开放式教育教学环境和便利舒适的生活环境。"

学校在智慧校园的建设实践中也形成了对高校智慧校园的认识：对于高校而言，智慧校园要综合运用云计算、物联网、移动终端、大数据等先进信息技术，使信息化与教学、管理、科研、公共服务进行深层次融合，围绕提高人才培养质量这个中心任务推动教育事业的各项改革与创新，实现教育信息化引领教育现代化的战略目标。学校"十三五"信息化建设专项规划中明确提出了未来五年信息化建设的总体目标是建设并初步实现"智慧校园"。

清晰智慧校园内涵是基础，建设智慧校园工程是关键。智慧校园从概念到实践需要一套系统的建设框架作为指导，学校在对智慧校园的概念进行诠释之后，提出了包括技术基础层、业务应用层、发展战略层的"三层式"智慧校园建设框架设计，如图7-2所示。

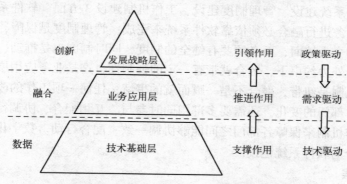

图7-2　学校智慧校园"三层式"建设框架设计

7.1.3　主要内容

学校对智慧校园的诠释将智慧校园分为3层，第一层是技术基础层，包括云计算、物联网、移动终端、大数据等先进的信息技术，为学校信息化提供技术支持，保障学校各项信息化工作顺利开展；第二层是业务应用层，将信息技术与学校各项工作进行融合，提高工作效率，提升为师生服务的信息化能力；第三层是发展战略层，通过信息技术与各项业务的融合，反推各项业务改革创新，以达到教育现代化的最终目标。学校由此提出，建设智慧校园也应该从相应3个层次进行建设，每个层次的建设都有一个核心的关键词。

1. 技术基础层

技术基础层建设的关键词是"数据"。

信息技术是智慧校园的基础，包括网络、云计算、大数据等各种信息化技术手段，这也是传统信息化工程的建设重点，各高校的信息化工作基本上都是从技术层开始的，如校园网络建设、服务器存储系统建设，再到各类应用软件系统建设。近年来，随着虚拟化技术的普及，此类基础性技术又升级为SDN网络、服务器虚拟化、存储虚拟化、SaaS服务等，在虚拟化的基础部分，高校实现了"校园云"这种服务方式。除了传统技术虚拟化，还有桌面虚拟化、移动终端、传感器物联网、3D 打印等新兴信息技术也逐步走入校园，成为教育信息化的重要支撑。

在智慧校园的视角下，众多技术工具的建设中，"数据"是纲，是贯穿其中的主线，所谓"纲举则目张"，技术基础层的核心目标就是将各类信息资源进行数字化，并进行数字化处理，传感器采集数据，网络传输数据，服务器处理数据，存储系统存储数据，数据库系统管理数据，大数据技术处理数据，业务软件系统的本质也是将各类业务资源与流程进行数字化。因此建设技术基础层就是围绕"数据"这个核心开展工作，这就是之前"数字化校园"工程的主体建设内容。由此可见，"数字化校园"已经为"智慧校园"准备好了"数据"基础。

2. 业务应用层

业务应用层建设的关键词是"融合"。

高校的业务类型一般分为教学、管理、科研与服务工作，智慧校园的业务应用层建设的主体内容就是信息化与这 4 项工作的深度融合，从而推动学校各项教育事业发展创新。具体工作应该分为软件系统建设、管理制度建设、工作机制建设 3 方面。软件系统是融合的基础平台，信息化与业务进行融合必须依靠软件系统来完成；管理制度是保障，信息化融合不能依靠于领导权威和个人情面，而必须要有健全的制度，同时制度也是推动、促进融合的重要外力，在制度这个外力约束下，融合就带有一定的强制性，这是业务应用层能够达到预期目标的保障；工作机制是纽带，融合不是一蹴而就的事情，任何一项工作的改变都是牵一发而动全身，不仅是本部门的变化，还需要多部门同时参与、互相配合、协调行动，这就是需要有建立必要的工作机制来保障各部门之间能够协调一致、配合行动。数字化校园完成的主要任务是与管理融合的软件系统建设。

3. 发展战略层

发展战略层建设的关键词是"创新"。

《教育信息化十年发展规划（2011—2020 年）》中指出，教育信息化的工作方针之一是"深度融合，引领创新"，即"探索现代信息技术与教育的全面深度融合，以信息化引领教育理念和教育模式的创新，充分发挥教育信息化在教育改革和发展中的支撑与引领作用。"教育信息化的目标之一是"教学方式与教育模式创新不断深入，信息化对教育变革的促进作用充分显现"，由此可见，教育信息化要解决的战略性问题就是由教育手段与方式的变革激活教育理念、教育模式的创新。这个层面的具体工作应该有信息化治理机制建设、流程再造工程建设、校情分析与决策支持系统建设 3 方面。

信息化治理机制是高校信息化工作开展的基本组织架构，是智慧校园建设能够按计划推进的组织保障和原动力。流程再造工程是信息化融合的先决条件与融合之后的必然产物，也是实现提高人才培养质量的重要手段，利用先进的信息技术，将不合理流程进行重新设计，使工作更加高效，用户体验更佳，实际上就是高校的"供给侧"改革。校情分析与决策支持系统是基于大数据技术的高校商业智能（BI）系统，学校教育事业改革与战略发展创新不必再通过"凭感觉""拍脑袋"的方式进行，有了 BI 系统的支持，就能够更加精细化、数字化，决策也更加科学合理，降低决策风险。

4. 三个层次之间的关系

智慧校园建设过程中，技术基础层、业务应用层和发展战略层之间存在着相辅相成、逐层递进的有机联系。技术基础层对业务应用层起着支撑作用，业务应用层又推动着发展战略层的创新，发展战略层对教育现代化事业起着引领作用。反过来看，发展战略层通过政策驱动业务应用层的融合更新深入全面，业务应用层的需求驱动力是技术基础层的建设与发展的重要动力源，技术基础层本身还要被信息技术的进步驱动换代革新。

用传统的管理学观点来看，此三层的关系可以总结为"道""法""术""器"4个层次，发展战略层为"道"，是智慧校园的战略方向；业务应用层为"法"，是具体实现发展战略的方式方法；技术基础层为"术"与"器"，术即技术，信息技术即为"术"，"器"为实现"术"的器件，即硬件支撑平台。各个层次的分工便可以总结为"道以明向，法以立本，术以立策，器以成事"。从顶层对底层的影响来看，其关系为"以道御术"，从底层对顶层的影响来看为"由器及道"，所以智慧校园的另一个意义为"无其器则无其道"，没有目前的新技术支撑，也就没有"智慧校园"这个概念与建设框架的出现。

7.1.4 建设思路

1. 完善"三层式"建设框架蓝图

学校提出了建设智慧校园的"三层式"框架，但还只是一个雏形，需要进一步丰富其内容，每一个层次都应该有各自独立的子框架。学校在信息化建设的实践中，虽然有部分思路已经清晰，具备了一定的基础，但还需要在建设过程中进一步探索与实践，创新性地构造一套实际可行的智慧校园建设框架，才可以对高校智慧校园建设起到示范性作用。

学校立足信息化建设与应用现状，从教学、管理、科研和服务等工作需求入手，通过学习借鉴先进的智慧校园建设方案和经验，按照《重庆市智慧校园建设基本指南（试行）》的要求，最终明确学校智慧校园建设思路：在不断完善纵线各业务应用系统建设的同时，着力加强横线系统建设，打破"系统孤岛"，整合学校业务应用系统和数据资源，实现大数据支持下的"合纵连横"。

学校"合纵连横"的智慧校园应用系统建设思路如图7-3所示。

2. 实现6个基本构成

在技术基础层围绕"数据"这个核心工作，以高性能的"校园云"为基础，完整实现"数据采集""数据传输""数据管理""数据共享""数据分析""数据展示"6个基本构成部分，实现各业务之间以数据为载体的互通共享。

1）数据采集：在学校已有数字化校园的基础上，升级完善各类应用系统，确保数据采集完整准确，广泛建设各类数据采集渠道，以达到灵活采集用户各类数据的目的。

2）数据传输：优化升级校园网络，提升网络基础设施质量，实现校园网用户精细化管理，确保数据传输的安全高效。

3）数据管理：加强数据中心建设，不断升级数据运算能力和存储能力，提高数据交换能力、推送效率，并以虚拟化为基础，探索校园私有云的建设、管理和运维模式。

4）数据共享：以教育部和重庆市教育数据标准为基础，修订完善学校数据标准集，确保各类业务数据做到互通共享。

5）数据分析：依托大数据技术，建立数据分析平台，加强对非结构化数据的解析与分

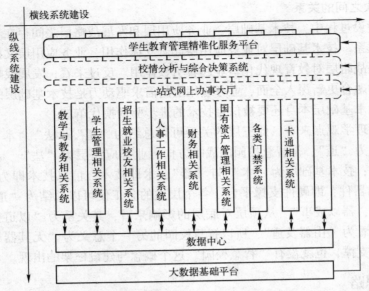

图 7-3 "合纵连横"智慧校园的应用系统建设思路

析,建设校情分析与决策辅助系统。

6)数据展示:充分挖掘前沿技术,增强数据展示效果。深化与重庆市勘测部门的合作,建设基于 GIS 的校情展示平台;利用 VR 等技术,建设学校 360°全景校园及校情展示平台;加强对数据中心运行状态以及各类数据管理系统状态的可视化监管。

3. 围绕两个核心工作

(1)融合

在业务应用层围绕"融合"这个核心工作,完善软件系统建设、管理制度建设、工作机制建设,促进信息化与教学、管理、科研、服务的融合,体现智慧校园的主体内涵。

1)推动信息技术与教学融合,提升人才培养质量。充分利用先进的信息技术手段和现代化的教育思想,从教、学、评、管、培 5 方面着手,构建信息化的教学环境和教学服务体系,深化信息技术与教育教学的融合发展,从服务教育教学拓展为服务育人全过程,提升人才培养质量。

- **教**:改造传统教学环境,利用先进信息技术搭建各种智能化学习平台、优质教学资源平台、课程管理系统、智慧课堂等,改变教学内容的组织结构、呈现形式、传输方式和服务模式,形成适应智慧校园条件的教与学的先进教学方法,不断促进教学理念、教学模式和教学内容的现代化。

- **学**:大力推动微课、慕课、翻转课堂等多种教学形式的进一步普及和应用,打造无缝的个性化学习空间,满足学生个性化与适应性的学习需要,构建"无处不学习""处处能学习"的泛在学习环境;积极探索建立学校内部或与其他高校之间具备考核标准的在线学习认证和学分互认机制,在保证教学质量的前提下,开展在线学习、在线学习与课堂教学相结合等多种方式的学分认定、学分转换机制。

- **评**:利用大数据平台加强对学习过程大数据的采集和分析,改变传统学习评价模式,形成面向学习过程的评价机制。

- **管**：调整和再造各教学相关部门业务流程，整合数据资源，规范数据标准，统一数据格式，实现各部门之间教育教学管理数据的无缝衔接，构建统一的教育教学数据管理平台，充分释放教学信息化潜能，实现决策支持科学化、管理过程精细化、教学分析即时化，不断提升学校教学管理信息化水平。

- **培**：提高师生的信息素养和信息化教学能力，培养一大批既具备扎实学科专业知识，也具备优秀教学技能，还具备良好信息技术应用能力的"数字教师"；增强教师在信息化环境下创新教育教学的能力，使信息化教学真正成为教师教学活动的常态。

2）加强信息资源整合，有效推动学术研究创新。积极推进科研资源共享机制，加大科研资源的有效整合和共享力度，服务于学校科研协作和学术交流。建立科研资源库，有效发掘和整合具有学校特色的科研资源，提高科研资源使用、科研信息共享的实效，创造有利于科研创新的信息化环境，有效推动学校科研创新。

完善大型仪器设备信息化共享平台，提高资源的利用效率，最大程度挖掘大型仪器设备的价值。改变目前分散建设的现状，集中有限资源统一建设高性能计算平台，为全校科研团队提供计算资源和相关服务，提高计算资源的利用效率。

建立强有力的信息保障机制，构建云协作平台、技术创新与成果转化平台，实现企业与高校的沟通和在线协作，提供技术转移、科技咨询、企业诊断、技术发展等全方位、专业化、高水平的即时服务。

3）完善业务系统，提升学校行政管理信息化支撑能力。完善以管理信息系统为核心的数字化校园系统，进一步健全人、财、物、教学、科研、学工等各类管理事务的信息系统，深入推进财务综合信息平台、国资综合管理平台建设，积极推动学生教育管理工作信息化精准服务工程建设，促进学校服务与管理流程优化，提高工作效率，提升服务对象满意度。

加强信息化协作，保证各业务系统之间的数据充分共享，建立各业务系统之间的信息化协作机制。充分发挥信息化工作联席会作用，提高各项管理工作之间的信息化协作水平，引导业务部门再造信息化协作环境下的业务流程，驱动管理流程创新，为构建现代大学管理体系、促进高校内涵式发展提供重要支撑。

4）加快建设公共服务平台，提高学校信息化服务能力。利用信息化手段辅助校园生活，逐步开展基于物联网的校园数字化生活应用服务；探索建立适应新技术的高校网络文化传播机制，大力推进校园文化网络传播平台建设工程，打造绿色安全的数字化校园，提升师生员工生活的便捷度；探索后勤服务信息化，搭建后勤综合服务平台，提高后勤服务质量和效率；进一步深入开展智慧能源建设，建设基于信息化的绿色能源系统；建设就业服务中心信息化系统，为毕业生就业创造更方便、更高效的工作环境；探索建设以流程为中心的网上一站式办事大厅系统。

完善信息安全体系建设，健全信息安全责任机制，全面推行信息安全风险评估与等级保护制度，提升学校信息化安全防护水平，打造安全可靠的云服务平台，提升信息化服务能力。

（2）创新

在发展战略层围绕"创新"这个核心工作，建设适合学校校情的、能够高效运作的信息化管理架构与保障机制，进行信息化治理机制建设、流程再造工程建设、校情分析与决策支持系统建设，管理和协调全校信息化功能，形成信息化合力，确保高质量实现信息化建设的各项任务与目标。

　　1）逐步规范健全信息化管理机制。探索信息化管理机制新思路，建立有效的信息化管理架构，明确各部门在学校信息化建设格局中的责任和义务，保障信息化建设工作的决策、协调、部署、实施等环节的顺利开展，确保学校教育信息化健康、有序发展；探索设立 CIO 职位与相应制度，全面协调统筹全校信息化工作；落实信息化建设工作办公室的职能职责，为信息化工作协同提供有效手段，实现协同驱动。

　　2）加强信息化专业队伍建设。健全信息化专业人员队伍保障机制，创新信息化工作用人制度和晋升渠道，不断充实学校信息化专业队伍。加强对信息化工作联络人的管理与培训，分层次、按类别定期开展各种信息化技术及应用培训，不断提升全校师生信息化素养及信息技术应用水平，保证各项信息化工作顺利推进。

　　3）建立信息化工作评估机制。对学校信息化开展情况进行督导评估，综合考察教学、科研和管理等各方面信息化建设的运行情况和效果，客观分析和评价对学校信息化的提升作用，督促和提升学校信息化发展的效率、效果和效益。

　　4）确保学校信息化经费投入。设立信息化建设专项经费，明确专项经费的管理办法，确保重点工程经费投入；创新多渠道、多形式的信息化投入机制，鼓励积极申报中央财政经费，吸纳社会团体、企业支持和参与学校信息化建设，形成"学校主导、多方参与"的多元化投入格局。

7.1.5　平台应用

1. 以流程为中心的"一站式网上办事大厅"

　　以流程为中心的"一站式网上办事大厅"遵循统一标准、统一交换、统一管理、统一认证、互联互通和资源共享的原则，将学校各业务系统数据进行整合，融业务流程、实时通信、信息发布、资源管理、信息于一体，是开放性好、兼容性强、稳定、高效的网上校务服务大厅，可保障学校日常事务处理向规范化、信息化、智慧化发展，为学校领导提供各种管理决策参考数据，为全校师生提供良好办事平台，提高办事效率。学校综合流程平台界面如图 7-4 所示。

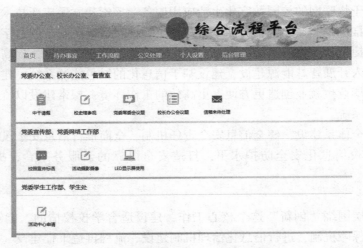

图 7-4　学校综合流程平台界面

"一站式网上办事大厅"采用 B/S 架构，通过配置实现对教职工、学生的服务项目"所见即所得"，主要功能包括基于 WEB 的方式提供流程性事务的相关表单、流程的灵活定制；流程在线发起、流转、审批，发起者对流程的流转过程随时跟踪、督办；平台具有全面、灵活的权限管理体系，能够对系统中的各种角色（普通用户、部门管理员、系统管理员、流程发起者、审批者）对流程的创建、浏览、修改等各种权限进行灵活分配。系统同时具有PC 端和移动端两种访问方式，使用方便，保证了审批及时、快捷。

"一站式网上办事大厅"实现了高校各二级部门、组织机构、员工与员工之间、教师与学生之间及时、高效、有序可控、全程共享的沟通和处理，实现了体系文件和体系流程的生命周期管理，实现了对行政管理及运行进行有效审核和评审；准确记录和监控办公流程的管理和改进过程，实现了对知识文档的统一管理，促进知识文档的利用、创新和发布，形成知识资源的整合；实现了目标管理与学校的总体发展目标、部门业务目标、岗位工作目标有机统一，推动提高工作质量、服务质量，更好地实现学校发展战略目标。

2. 智慧校园泛在学习平台

智慧校园泛在学习平台以智慧校园为框架，通过信息技术手段推动学习方式改革，打造智慧学习新环境，主要包括泛在学习管理平台、泛在学习资源制作系统、学习效果评估系统、泛在学习保障及支撑系统 4 部分，如图 7-5 所示。通过以上 4 个系统的建设，形成在硬件上有高性能支撑和安全保障，有高质量学习资源制作与管理，有完善的学习过程评估和绩效，有能灵活运用各种教学模式、学习方法的自主式泛在学习平台。

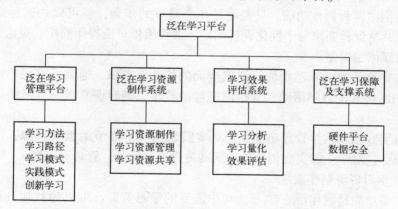

图 7-5　智慧校园泛在学习平台

（1）泛在学习管理平台

泛在学习管理平台是建立在智慧校园框架下，适用于全校学生的辅助学习、自主学习交互式教与学的应用平台，与"课前""课中""课后"有机结合，逐步实现课堂教学与网络教学相结合的混合式教学模式。也可以打破大学校园时空限制，实现学生无缝的、弹性的自主学习。平台具有网上自主学习、教学组织和管理、网上题库建设、在线考试和阅卷、实践创新教学管理等功能。

泛在学习管理平台的基本功能如下。

1）支持整个课程创建、内容共享、学习过程跟踪和控制、在线测试和作业发布、交流互动、成绩评测和学习成果反馈教学流程。

2）全面支持学生的自主学习与合作学习，体现了教学活动中学生的主体地位和教师的主导地位，为学生构建自主学习、主动探索的环境，教师通过组织学习材料，实时和非实时地引导和帮助学生学习。

3）支持辅助教学、翻转课堂、纯网络教学、网络修学分等几种网络教学模式。

4）具有视频、文档格式自动转换、码流自动转换的功能，所有文档资源自动转码成flash格式播放，视频类资源系统自动转码为mp4、flv等多种格式，可以适应不同的访问终端（Android和iOS）。

5）具有强大的交流协作功能，提供同步、异步的交流讨论工具，学生之间、学生与教师之间可以方便地共享信息、交流、讨论、协商，从而提高网络学习的效果和质量。

6）具有角色管理功能，可建立学生、教师、管理员、超级管理员等角色，各级管理员也可以根据自身的需求创建角色和为角色指定权限。

7）具有权限管理功能，可为每个导航功能点分配访问、管理等不同的权限，管理员可以批量给用户分配、收回权限，具有权限整体移交功能。

8）具有断点继续学习课程功能，自动记录上次学习轨迹，用户登录后能继续学习。

9）具有移动学习功能。有专用App，支持iOS和Android两种系统的客户端应用，用于手机和平板电脑两套设备，实现在线移动学习、讨论、答疑、交互、消息推送、发布，并进行移动测试和成绩查询等功能；支持与课程资源中心同步和网络课程移动化，支持根据屏幕尺寸大小自动调整App应用界面。

10）具有网络课程制作功能。只需通过几个简单的步骤，就可以快速建成一门慕课或符合精品资源共享课程要求的个性化课程网站，课程编辑页面操作简单、灵活方便，课程内容建设采用富媒体编辑器。

11）具有完善的教学互动功能。提供全面的作业、考试、通知、答疑、讨论、资料共享、评价及PBL等互动教学活动，支持网络辅助教学、翻转课堂教学、网络学习等多种教学模式。

12）具有实践创新教学管理功能。能对实践创新教学环节的教学资源、课程安排进行数据分析和统计，对学生的实践创新教学活动过程进行记录、管理和监督。

（2）泛在学习资源制作系统

本系统主要功能是制作泛在学习活动中需要的学习资源，可以为教师自行录制各种慕课、微课等课程资源，也可以制作各种专业的数字视频教学资源，还可以制作专题讲座和报告及普及大众的公共课程资源，本系统是泛在学习平台中开展泛在学习的重要资源基础，是师生开展互动学习，提升学生学习能力，提高教学质量和效果的重要保证。

本系统主要包括如下几部分。

1）高清专业视频学习资源制作系统，包含高清视频录制、网络实时直播、视频资源网络共享管理等几部分。录播采取集控式管理，具有录制、直播、点播、导播、跟踪和上传存储等多种功能。网络实时直播包括数据压缩与解压、学习终端管理、课堂互动问答等功能。如图7-6所示为学校高清专业视频学习资源制作设备。

2）视频课程自录播系统，在整个课程录制过程无须专人操作控制，由教师自行录制，下课后即时完成。视频课程自录播系统由视音频信号采集系统、录播控制系统、音视频编辑系统3部分组成。在录制过程中，教师可以根据教学需要灵活运用录制手段实现教学目的。

图 7-6　高清专业视频学习资源制作设备

视频课程自录播可以为泛在学习平台提供大量高质量的充分展现教师个性色彩的视频教学资源。如图 7-7 所示为学校视频课程自录播系统设备。

图 7-7　学校视频课程自录播系统设备

3）非结构化学习资源管理系统，是泛在学习平台中的重要组成部分，通过构建底层的"非结构化数据仓库"，实现对资源制作系统制作的各种资源集中管理；构建"集中管理、分布应用"的资源建设机制，实现校内资源的共建共享，使得平台不仅可实现在 PC 终端上应用，而且可以满足在移动终端上应用（例如资源检索、浏览、评论等）；为师生提供基于网络的个人资源空间，实现个人资源的网络化管理。各种学习资源可以通过本系统方便、迅速、高效地在泛在学习平台中展示和运用。学校非结构化学习资源管理系统如图 7-8 所示。

（3）学习效果评估系统

本系统对泛在学习过程中的各环节进行全员、全程、全面系统的监督、控制与评估。构建教学、学习基本状态数据库，形成教学质量报告，对教学审核评估、专业评估、学院评估数据实施监控和分析，并能通过这些评估收集教学运行过程中的各类信息，为学校的教学管理与决策服务。

学习效果评估系统界面示例如图 7-9 所示，系统的基本功能如下所述。

图 7-8 学校非结构化学习资源管理系统

图 7-9 学习效果评估系统界面

1）教学统计。可以按照教师个人、院系、学校不同层面统计教师的教学活动，为教学评估提供依据。

2）学习统计。可以按照学生个人、院系、学校不同层次统计学生的学习情况，为学生学习评价提供依据，也可以监督学生的学习进度。

3）成绩统计。可以进行不同维度、不同人群的成绩分析，为教学质量的监控提供数据支撑。

4）院系对比数据。能够进行全校的、院系的相关统计，并能进行院系对比。

5）学习基本数据管理和分析。能根据学习平台中的数据形成教学基本状态数据库，形成学习质量报告。

6）能随着学习发展而自行方便地新增、修改、删除类别，以满足系统灵活多变的需求。

7）具有对基础数据进行筛选校对的功能，对不同来源的数据提供比对，并提供相应比对清单，可以进行不同年度间的对比和不同表格间的对比。

8）能按要求对基础数据完成标准指标和学校个性化要求指标的数据调用、统计与计算。

9）具有报表展示、报表设计功能，可以在线设计，图表能根据需要自动引入申报材料中，并与系统中的指标值同步。

10）系统设计中各级指标和观察点符合国家对专业、教学评估的要求，能方便专家通过系统进行网上审查。

（4）泛在学习保障及支撑系统

泛在学习保障及支撑系统分为硬件基础平台和数据安全软件系统，通过建设高性能的虚拟化数据处理节点解决泛在学习平台存在的并发用户数高、网络流量大、计算任务重等问题，为泛在学习平台、学习资源制作系统、学习效果评估系统提供有力的支持。

学习过程中产生的各种数据是进行效果评估的关键，数据安全软件系统能够实时不间断地对数据进行监控。系统具有扩展灵活、响应灵敏度高、操作方便等特点，当发生数据异常变动时，系统应能够及时、准确地通知管理人员，并发出报警，同时提供对相关异常数据的导出；系统能在不损伤原始业务数据的前提下，对原始业务数据实施实时监测；能满足用户自定义预警，在预警期间，能够准确及时地发出预警通知；数据分析模块能够对所有异常信息多维度分析；数据备份模块能够对系统的数据进行备份，同时提供相关的操作日志。

7.2 江苏某高职院校智慧校园建设实例

7.2.1 建设背景

学校于2004年4月由五校合并组建而成，现有两个校区，占地483亩，建筑面积14万平方米，建有建筑、交通、商贸3大类专业实训中心，实训基地建筑面积达3万多平方米，现有专业教学实验实训设备资产7600余万元。学校建筑、汽车实训基地均为省级高水平示范性实训基地建设项目和省级技能教学研究基地。

学校智慧校园项目自国家提出示范智慧校园建设时立项，针对当时的信息化建设实际情况，学校提出了以基础设施为支撑、以信息集成为平台，打造融合智慧管理、智慧教学、智慧服务的智慧校园建设方案。方案历经多次修改，逐步细化，于2014年9月通过了校内外专家的论证，并开始全面推进实施。

2016年11月20日，江苏省质量技术监督局发布了智慧校园江苏省地方标准 DB32/T 3160—2016《高等学校智慧校园建设与应用规范》，这是国内智慧校园建设的首个省级地方标准。2018年5月15日，江苏省教育厅、省经信委、省财政厅联合印发了《江苏省中小学智慧校园建设指导意见（试行）》和《江苏省高校智慧校园建设指导意见（试行）》。这个标准与指导意见对推进学校的智慧校园建设，全面实施教育信息化2.0行动计划，具有现实指导意义。

学校提出的智慧校园建设方案是在以数据中心、校园网络和智能终端为基础的硬件平台，以身份认证和数据交换为基础的软件平台的支撑下，建设基于网络化办公以及大数据分析的智慧管理系统；建设以资源库、教学辅助网络平台为核心的智慧教学系统；建设以一卡通为基础、以掌上校园为依托的智慧服务系统。智慧校园建设旨在促进学校教育管理方式的转变，促进教师教学方式的转变，促进学生学习方式的转变，最终达到服务于学校管理、服务于教师和学生，为培养高素质技能型人才提供支撑的目标。

7.2.2 建设原则

1. 以人为本

智慧校园建设要坚持服务导向，为学校师生和社会公众提供优质的信息化服务环境，不断提高师生信息化素养，提升教师教学科研能力，促进学生个性化发展，提高教育管理服务水平。

2. 应用驱动

智慧校园建设要坚持从学校发展、教学科研、人才培养、社会服务等方面的实际需求出发，以应用为导向，以数据为基础，整体规划，分步实施，不断提升教育信息化的应用能力和水平。

3. 融合创新

智慧校园建设要推动信息技术与高校各项业务全方位全过程深度融合，促进高校教育教学理念、教学和科研模式、管理服务方式和体制机制的创新，提高学生的创新创业能力和学校的核心竞争力。

4. 开放共享

智慧校园建设要充分发挥国家、省、市等部署的教育云平台的作用，大力推进校际合作，积极争取各类社会资源，实现优势互补、资源共享、共同发展，为社会提供广覆盖、多层次、高品质的教育公共服务，为全民学习、终身学习提供强有力的支撑。

5. 安全优先

智慧校园建设要与网络安全同规划、同部署、同检查，坚持网络安全"谁主管谁负责、谁运维谁负责、谁使用谁负责"的原则，确保网络与信息安全。

7.2.3 主要建设内容

1. 基础设施建设

基础设施建设主要包括校园网络建设、数据中心建设和智能终端建设。

（1）校园网络建设

改造了校园的有线和无线网络，并对出口带宽进行了升级。目前校园有线网络架构为典型的核心、汇聚、接入的三层网络架构，如图7-10所示。学校网络已实现万兆核心交换、千兆到桌面，核心网络与汇聚层均实现了链路冗余。在无线网覆盖方面，学校前瞻性地选择了802.11ac千兆无线覆盖方案。尤其是对教学区，实现了每个教室1个AP的部署密度，从而更好地服务于教学。

在实现了双千兆覆盖到桌面的基础上，学校对出口带宽进行了升级，结合市电教馆教育城域网改造项目，将出口带宽升级至教育城域网波分1 Gbit/s和5条电信100 Mbit/s共同接入。同时部署了链路负载均衡设备，根据实际链路负载情况自动进行调整，保证网络接入的稳定、高速。

上网使用统一的网络认证、带宽分配、流量统计等；上网行为管理系统对用户的上网行为进行统一的记录和管理；网络管理系统实时监控网络设备的使用情况。

（2）数据中心建设

在进行网络改造的同时，学校也重建了数据中心。使用4台四路服务器组建虚拟化，承

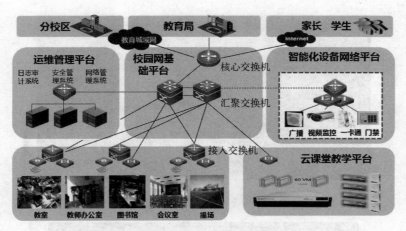

图 7-10　校园网络拓扑图

载学校的所有业务系统；用 15000 转的快盘柜和 7200 转的慢盘柜组成二级存储系统，根据实际需要分别存放业务数据与资源数据；在图书馆楼部署了异地备份系统，对虚拟化服务器与数据进行基于策略的定时备份，确保数据万无一失。

学校数据中心机房如图 7-11 所示，面积为 145 平方米，包括电气配电系统、防雷接地系统、精密空调系统、气体消防系统、机房环境监测系统、智能门禁系统及机房视频监控系统等。

图 7-11　学校数据中心机房

（3）智能终端建设

智能终端建设包括多媒体教室建设、全自动录播室建设和可视化互动报告厅建设。2016年暑假，学校对全部 120 余间教室进行了信息化改造，安装了全新的多媒体讲台，部署了实物展示台，将投影仪、实物展台、多媒体音箱、投影幕布等全部集成到讲台的中控上，并且在保留 VGA 接口的基础上，为新的计算机与终端设备额外预留了 HDMI 输入接口。根据设计，通过无线投影设备，学生能够将自己的手机画面通过投影仪投射出来，一方面，在教学过程中能够进一步展现学生的主体性；另一方面，也是对学生使用手机辅助学习的一种积极的引导。改造后的多媒体教室如图 7-12 所示。

学校在两个校区各建一间 140 平方米的全自动录播室，配置了摄像机、录播主设备、电视台演播室系统设备、拾音系统、中控及网络系统、灯光声学系统，如图 7-13 所示。

图 7-12　多媒体教室

图 7-13　全自动录播室

　　为提高信息化环境下跨时空的交互性，满足互联网环境下师生的信息化需求，学校于2016年建设了可视化互动报告厅，以可视化录播教室为基础平台，配合专用的软、硬件以及相关辅助设备，组成一个有机的整体，实现线上线下直播互动，两校区三地实时音视频教学互动，实现跨校区教研、讲座等实时交互功能，如图 7-14 所示。

图 7-14　可视化互动报告厅

2. 应用支撑平台建设

　　应用支撑平台建设包括建立统一身份认证、统一授权、统一审计的安全认证服务平台，建立对学校基础数据、业务数据、历史数据与资源集中存储、统一管理和交换的全校数据库和数据交换平台，建立聚合全校信息资源的统一门户和移动服务门户。

（1）统一身份认证

学校统一身份认证系统将校园门户网站集群、一卡通软件平台、数字教学平台、VPN、各系部教学资源平台等整合到一起，实现了统一入口，一次登录便捷访问，集中用户管理，统一权限管理，保证了用户电子身份的唯一性、真实性与权威性。

（2）统一信息门户

学校网站有1个主站和28个二级部门或专题网站。主站一级栏目模块为17个，包括学校首页、学校概况、新闻中心、机构设置、党建工作、师资队伍、德育教育、招生就业、教学科研、国际合作、校园文化、社会培训、管理工作、智慧校园、教育网站、职教链接和公共服务，其中智慧校园设有共享课堂学习平台、数字学习中心、数字校园（教师）、数字校园（学生）、数字图书馆、录播视频课程、汽车在线学习、校园监控系统、安全教育平台及现代化实训基地等20个二级栏目。

二级网站根据处室、系部的不同特点和不同需求制作不同风格的网站，共同点为都包括新闻通知、部门概要、规章制度、计划总结等，不同点为处室网站增加了各个处室特有的一些管理功能，系部增加了专业建设、教学管理、学生工作、技能大赛等栏目。

3. 智慧学习平台建设

智慧学习平台建设包括数字学习中心、数字图书馆和移动课堂建设。

（1）数字学习中心

数字学习中心包括课程资源库、教学中心、学习中心、精品课程、课题管理和名师工作室等6大模块。2016年年初，学校对原有的网络课程平台进行了升级，重点实现了与智慧校园系统的对接，并增加了慕课模块。在完成升级与数据迁移之后，教务处组织了面向全体教师的多次培训，并按照每学期每专业两门课程的进度计划，进行网络课程的建设。目前，网络课程平台已经成为学校网络课程、精品课程以及名师工作室的承载平台，所有教师与学生均被加入该平台中，是网络化平台教学的基础。

本平台数字学习中心的课程资源库涉及的科目有汽车底盘、发动机构造与维修、汽车维修与检测、钢筋翻样与加工、施工技术、施工识图、楼宇智能化、设计、市政、造价、国际结算、单证实务、海关商品学、经济学基础、商务谈判、语文、数学、英语及政治等90门，已上传资料2480个，数据量达1.5TB，可供选修的数字化课程为142门。近三年，学校有10437人次参加了20个门类课程的学习。

数字学习中心中的共享课程平台自建课程有3门，即汽车文化、汽车使用与维护、中外建筑艺术赏析。其中，汽车使用与维护和中外建筑艺术赏析两门课程被推荐为中西部教学联盟课程。

（2）数字图书馆

学校采购了超星数字图书30万册，主要为建筑、汽车、商贸3大类专业课和文化课书籍，购买了读秀学术搜索、万方数据库、知网数据库；整合了数字图书馆门户，实现了数字图书和学校华夏纸质图书借阅系统的整合，实现网上查找、借阅和归还等功能。学校加入了苏州国际教育园图文信息中心，已共建共享纸质和电子书资源500余万册。

（3）移动课堂建设

学校将教学从计算机端延伸到了手机、iPad等无线智能终端。建成了基于课程资源的自主学习平台，学生通过 App 及相关知识点的二维码图片扫一扫功能获得相关知识。让学习资源从静态变成动态，从书本转向了网络在线，补充了课堂的教学资料，呈现方式更为生动和灵活。移动课堂调动了学生学习知识的积极性，突破了时空的概念，让随时随地学习成为可能。

4. 智慧管理平台建设

当前学校的智慧管理平台主要由统一信息门户、统一身份认证、数据交换、协同办公、教务系统、学工系统、即时通信系统以及教师、学生和资产 3 个信息查询系统组成，以数据交换平台为中心，实现了数据来源的唯一性和权威性。通过即时通信系统的统一身份认证登录智慧校园门户，可以单点登录到以上所有系统。其中，协同办公系统目前已经实现了收发文、通知公告、车辆与会议室申请以及包括报销用款申请在内的公务流程审批等功能，为了做好对教师个人的服务，还特地开发了工资查询、一卡通消费查询、课表查询以及个人日程事务管理等模块。此外，还实现了协同办公系统与即时通信系统的对接，将协同办公系统内的通知公告与待办事项等消息实时推送到客户端，以弹出消息的形式对用户进行提醒，相比聊天群提升了推送的准确性。

学工系统为学生提供"入学–在校–毕业"整个大学生活的一体化智能服务。学工系统的主要功能有两个，一是辅助学生入校管理、基本信息管理、奖学金管理、勤工助学岗位管理及困难生管理等多项学生工作业务；二是促进学生工作的数字化、人性化、智慧化，促进学生工作在线协同办公，提高学生管理工作效率。

在家校共管方面，学校建设了短信发布平台。家校路路通和综合校园数字管理系统短信发送功能，为学校、教师、家长之间搭建了一个沟通平台，方便三者之间的交流、对紧急事情的通知以及对在校学生学习情况的管理，形成有效的家校互动教育，实现快捷、实时的沟通。

5. 智慧服务平台建设

智慧服务平台主要基于校园一卡通开展。校园一卡通建设是将一卡通与学校的教学、综合管理平台进行有效整合。在功能应用方面，通过不断加强软件各模块的整合力度，融合校内数字校园综合管理平台及其他软件平台，实现校园内教学、阅读、消费、考勤、门禁、水控及电控等"一卡"通用。学校于 2016 年底初步建成校园一卡通项目，总投资 600 余万元，包含 17 个子系统，目前考勤、电控、水控、消费、门禁及车辆等系统均已投入使用，运行正常，效果良好。实现了校务管理一卡通，数字化校园中的其他 MIS 系统、OA 系统等也可以通过平台接口实现与一卡通系统的数据共享。

另外，学校建设了微信公众号平台，为广大师生提供又一直接与学校沟通、交流的平台，同时，也是学校适应新媒体技术发展、活跃校园文化生活、拓宽学校对内对外宣传渠道的又一重要举措。微信公众号平台以"展示学校风采、服务全校师生"为宗旨，致力推送学校权威信息，展示校园生活，传播校园文化。

通过整合数据资源，掌上校园平台为广大师生提供了方便快捷的自助服务。师生可以通过学校微信公众号，在线完成查询、支付互动等功能。

6. 信息安全建设

学校在进行智慧校园的建设时，逐步认识到网络信息安全的重要性，逐步建立起学校的信息安全解决方案。

首先更换了出口防火墙与上网行为管理设备，尤其针对上网行为管理设备制定了细致的控制策略，师生上网认证账号与智慧校园进行了对接同步，做到了所有用户的实名认证上网。

2016 年初，学校采购了新一代防火墙，部署在数据中心与核心网络之间。同时，将 4 台服务器从物理上分成了两组，核心系统与非核心系统分别运行在两组虚拟化服务器上，相互之间建立了边界防御。之后又部署了 VPN 设备，将学校智慧校园的主要服务均迁移到了内网，用户在校外必须通过 VPN 接入。

此外，学校采购了云防护服务，对其他直接发布于外网的网站等进行基于 DNS 解析的云防护，同时配置策略，禁止直接通过 IP 地址访问相关网站，提升了安全性。漏洞扫描设备与数据库审计设备的部署，也是对学校信息安全建设工作的重要补充。

7.3 山东某中职学校智慧校园建设案例

7.3.1 建设背景

山东某中职学校的校园网络始建于 2012 年 8 月，目前已建成覆盖学校教学区的高速、稳定、安全的校园网络，基于三层网络结构，采用千兆以太网技术作为主干技术，呈星形网络拓扑结构，通过电信 100 Mbit/s 光纤接入 Internet 和教育城域网。目前学校拥有各类服务器 3 台，各类核心、汇聚和接入交换机 10 台，接入信息点 50 多个。

为了实现教育教学和管理工作的现代化，学校还建设了校园门户网站，提供了 Web、FTP、OA 办公等应用服务，在学校教学和管理中发挥了重要的作用。

7.3.2 建设目标

通过建设智慧校园平台提高学校教育的信息化水平，并探索促进基于大数据模式下的教育管理与教育教学实现形式，逐步解决校园教学的全向交互、校园环境的全面感知、校园管理的高效协同、校园生活的个性便捷，最终建成完整统一、技术先进，覆盖全面、应用深入、高效稳定、安全可靠的智慧校园。

1. 智慧教学

构建先进实用的网络教学平台，整合、丰富智慧教学资源，创造主动式、协同式、研究式的智慧学习环境，建立师生互动的新型智慧教学模式。

2. 智慧管理

构建覆盖全校工作流程、协同的管理信息体系，通过管理信息的同步与共享，畅通学校的信息流，实现管理的科学化、自动化、精细化，突出以人为本的理念，提高管理效率，降低管理成本。

3. 智慧教务

构建综合教学管理的智慧环境，科学统一地配置教学资源，提高教师、教室、实验室等教学资源的利用率；改革教学模式、手段与方法，丰富教学资源，提高教学效率与质量。

4. 智慧环境

构建结构合理、使用方便、高速稳定、安全保密的基础网络。在此基础上，建立高标准的数据共享中心和统一身份认证及授权中心、统一门户平台以及集成应用软件平台，为实现更科学合理的智慧环境打下坚实的基础。

5. 一站式服务

实现教职工和学生的管理、教学、学习、生活等主要活动的一站式服务，提高对师生服务的水平，提高对社会的服务能力。

校园信息化全面实现后，范围将得到自然扩展，使学校的教学和管理突破传统的概念，延伸其内涵，成为一个可以覆盖网络可达范围的无围墙的智慧校园。

7.3.3 总体系统架构

中等职业学校智慧校园总体系统架构采用云计算模式进行集中部署，如图 7-15 所示，分为基础设施层、支撑平台层、应用平台层、终端接入、信息安全体系等。

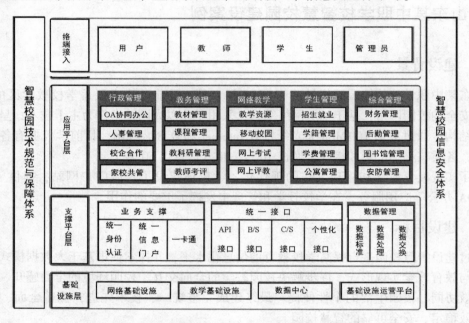

图 7-15 中等职业学校智慧校园总体系统架构

智慧校园技术规范与保障体系包括教育信息化标准、信息资源标准、应用标准、接口标准、基础设施标准及管理标准等。信息安全体系包括物理安全、网络安全、应用安全和安全制度。

7.3.4 主要建设内容

1. 网络基础设施

改造原有校园网，建设一个"千兆主干、百兆接入桌面"覆盖全校区的高速、稳定、安全的校园网，提高带宽接入为不低于 1000 Mbit/s，满足学校日益增长的高带宽需求。随着无线网络技术的发展，便携式终端（如笔记本电脑、平板电脑、智能手机）越来越普及，建设覆盖全校办公场所、教学场所、学生宿舍的无线网络已变得十分必要。购置相关设备，启用华为 RG-WS5302 交换机，完善校园无线网络布置，统一管理，实现校园网的分布式管理。

有线电视网络和语音广播网络应是学校网络的又一组成部分，目前有线电视终端点已经布置到教室，建设专用的在线式演播室系统，购置数字非线性编辑系统和摄录系统、数字点播和直播系统等设备，完成语音信号与有线电视射频信号的数字化，做到数字化的语音、视频信号在网上传输，实现演播室中多路视频信号源的切换、非线性编辑系统、音频信号源的混合（调音台）、字幕叠加、现场直播、信号录制、流媒体发布及虚拟演播等。建设千兆校园网络系统，采用多网合一的多媒体综合校园网解决方案，实现计算机局域网、双向电视教学网、智能广播网和数字监控网的数字化多网合一。教室计算机除普通计算机常规功能外，还融合了集控、视音频直播等功能，并有课件点播、VOD 点播、AOD 点播、双向电视教学、示范教学、教学评估及智能广播等多项功能。

2. 教学基础设施

智慧教室是装有电视摄像、录像系统的特殊教室，借助摄像机、录像机等媒体，进行技能训练和教学研究，用于教师实施教学技能训练的模拟教学活动。

课堂教学录播专用教室是学校用来为教师课堂教学过程进行全程自动或半自动录制的专用场所，便于快速积累各种教学资源包括教室环境建设、数字化课堂教学录播系统和课堂教学网络传播平台（环境、硬件和软件）。

课堂教学录播专用教室的功能如下所述。

1）精品课程资源建设：录制优质的课堂教学，作为优质资源存储和共享、交流。

2）教师课堂教学资源建设：教师自主录制课堂教学，作为个人课堂教学的资源建设，可用于个人教学反思、课堂教学研讨、评估评价。

3）开展网络教研活动：以课堂教学为主体的教研活动，可利用录播系统直播到每一个教师桌面，也可录制后作为样本在网上进行"微格式"分析研讨。

4）开展课堂教学绩效管理：学校可用本专用教室进行教学管理与绩效考核。其一，学校规定教师每年必须录制一定数量的课，并且自选最好的课开展好课评比；其二，教研组开展听课、评课均可在网上进行，形成教研活动数据库；其三，学校优选优质课，组成学校精品资源，可对外交流，可供学生家长课后浏览阅读，可作为示范课示范他人等。其四，开展好课或优质课评比活动。

小型演播室用于学校召开家长会或视频会议。

3. 数据中心平台

数据中心平台是智慧校园平台的核心，是各类管理信息系统整合和集成的关键，通过数据抽取、转换与装载过程，提供全校教学、科研、人事、学工、财务、资产及后勤等全方位的权威数据，利用完善的数据加工、分析工具，实现数据综合查询、统计、分析、决策支持等应用。

在共享库的基础上扩展数据的集成范围，形成大而全的数据中心平台，作为全校数据统计分析、智能决策支持的权威数据库；数据中心平台中的数据交换平台可将不同系统中产生的异构数据清洗转换为统一标准的元数据，并推送至目标数据库，从而达到消除数据孤岛的效果。

数据中心平台可以成为后续开发各种应用系统的通用数据库平台。

4. 基础设施运维平台

基础设施运维平台具备以下功能。

1）网络设备监控功能，监控范围内覆盖80%以上的硬件设备。

2）服务器、虚拟主机等设备的监控管理功能。

3）数据库监控功能。

4）中间件监控管理功能。

5）信息系统监控功能。

6）机房环境数据集中监控。

7）网络拓扑管理功能。

8）智能告警及故障分析功能。

9）设有统一运维监控中心，可实现集中监控和日志分析。

5. 统一信息门户平台

统一信息门户平台为用户提供访问学校各种信息资源和应用服务的入口，学校的教职工、学生、领导、社会公众、校友等都可以通过这个门户平台获得个性化的信息和服务。

门户平台具有可伸缩的体系结构和组件化的整体设计，支持各种开放性的标准和规范，能够方便地挂接与现有系统集成的应用组件，实现各种应用系统的无缝接入和集成，提供一个支持信息访问、传递以及协作的集成化环境，实现个性化业务应用的高效集成、部署与管理。

根据用户的角色和权限不同，提供不同的访问界面，用户可以根据自己的喜好设计和编辑门户使用界面，支持拖放式的布局服务，支持个性化页面和内容定制。用户通过简单的拖曳即可添加有权限使用的插件，无须复杂配置。为用户预定义了丰富的配置管理内容，可提供优质的用户体验。

6. 统一身份认证平台

统一身份认证平台将各个系统分散的用户和权限资源进行统一和集中管理、授权，实现统一认证和单点登录，改变原有各业务系统的分散式身份认证及授权管理。建设以目录服务和认证服务为基础的统一用户管理、授权管理和身份认证体系，将组织信息、用户信息统一存储，进行分级授权和集中身份认证，规范应用系统的用户认证方式，实现全部应用的单点登录，提高应用系统的安全性和用户使用的方便性。

7. 校园一卡通

校园一卡通是以校园网络为基础，以全体学生卡为信息载体的集校园管理和消费于一体的综合管理系统，可全面实现校园的信息化、自动化管理。利用校园一卡通系统，只需持一张学生卡即可在校内食堂、超市、浴室等场所消费，可在图书馆查阅资料、借阅书刊，可在机房上机，可去校医室看病，还能实现通道门禁验证、考勤，还可与智慧校园各业务系统进行数据共享，实现学校对相关信息的综合查询等功能，极大地方便学生、教职工的生活，真正实现"一卡在手，走遍全校"。

8. 信息标准建设与统一接口

（1）信息标准建设

信息标准建设是智慧校园建设的重要内容。有了统一的信息标准，就可以在数据建模、信息采集、加工处理、数据交换的过程中有统一的规范，最大限度地实现信息优化管理和资源共享，帮助用户方便、快捷、规范地建立应用系统的数据结构，满足信息化建设需求。信息标准的建设应在遵循国家、教育部标准的基础上改进和完善，参照省中等职业教育综合管理系统，制定学校信息编码标准，统一数据交换标准，形成一套完整的，符合学校现状及未来发展要求的信息化标准体系，避免因信息标准混乱导致信息不能交流和共享。

同时，信息标准建设遵循以下特性。

1）标准的唯一性，一个代码只唯一表示一个编码对象。

2）标准的可扩性，即代码结构必须能适应同类编码对象不断增加的需要，为新的编码对象留有足够的备用码，以适应不断扩充的需要。

3）标准的简单性，即代码结构应尽量简单，长度尽量短，以便节省机器存储空间和减少代码的差错率，使用标准验证的过程和处理方案，减少误差，提高机器处理的效率。

4）标准的规范性，即在一个信息编码标准中，代码的结构、类型以及编写格式必须统一。

5）标准的适用性，即代码要尽可能反映分类对象的特点，便于记忆，便于填写。

6）标准的合理性，即代码结构要与分类体系相适应。

（2）统一接口单元

统一接口单元是智慧校园实现安全性、开放性、可管理性和可移植性的中间件，如 API 接口、B/S 接口、C/S 接口和个性化接口等。

9. OA 协同办公子系统

OA 协同办公子系统负责建立学校信息发布、公文管理、会议管理、事务管理等业务，能有效提高工作效率，实现各部门办公业务的公文流转无纸化、文档管理电子化、办公业务协同化，进而提升学校管理水平，促进内部信息交流，提高决策水平。OA 协同办公子系统的主要功能如图 7-16 所示。

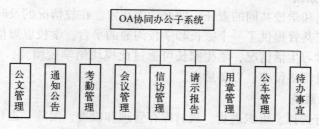

图 7-16　OA 协同办公子系统主要功能

10. 人事管理子系统

人事管理子系统负责对全校教职工的招聘、合同、档案、岗位竞聘、职称评定、绩效考核、薪酬、人力培训、调动及离退休等进行全面、准确、及时的管理，优化学校人力资源配置，提升人事工作管理水平，促进教学、教研、管理、服务等工作的高效运作，提升学校综合竞争力。人事管理子系统的主要功能如图 7-17 所示。

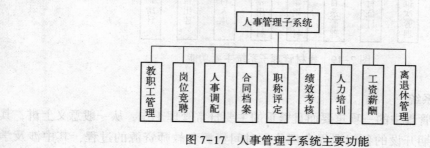

图 7-17　人事管理子系统主要功能

11. 校企合作管理子系统

校企合作是中职学校谋求自身发展、实现与市场接轨、大力提高育人质量、有针对性地为企业培养一线实用型技术人才的重要举措，其初衷是让学生在校所学与企业实践有机结合，让学校和企业的设备、技术实现优势互补、资源共享，以切实提高育人的针对性和实效性，提高技能型人才的培养质量。

校企合作管理子系统是专门针对中职学校与企业合作搭建的服务平台，旨在推进校企合作，全面提升教育服务经济发展的能力，实现教育与经济的双赢。校企合作管理平台可以实现对合作企业、合作项目、合作协议以及相关考核评估等进行综合管理，校企合作管理子系统的主要功能如图7-18所示。

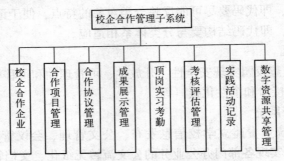

图7-18　校企合作管理子系统主要功能

12. 家校共管子系统

学生教育是家庭和学校共同的责任，做好学生在家、在校情况的及时有效沟通是学生教育成功的关键。家校共管提供了一个家长和学校沟通的平台，学校以短信的形式及时向学生家长推送学生在校学习生活情况，学生家长可通过此模块给学校留言，反馈学生在家情况，这些家校交互的信息都将留存，以备后查。

13. 教材管理子系统

通过对教材进行选择、组织进货、教材库存管理和收费、发放、退订等操作来保障用书安全，在大大降低工作人员劳动强度的同时，提高学校的管理效率和教学水平。教材管理子系统的主要功能如图7-19所示。

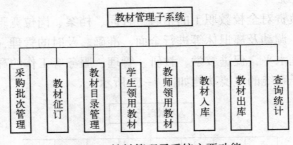

图7-19　教材管理子系统主要功能

14. 课程管理子系统

课程管理是教务管理中的一项重要而且繁重的主要日常管理工作，从一般意义上讲，其实就是对学校每个学期开设的各门课程合理分配时间资源和教师资源的过程，其中涉及学校、专业、老师、学生的诸多方面。随着教学体制的不断改革，尤其是学分制、选课制的展开和深入，课程管理工作日趋繁重、复杂。课程管理子系统可根据班级、课程、教师、教室、周次等信息，实现课表的自动编排，生成班级课表和教师课表。课程管理子系统的主要功能如图 7-20 所示。

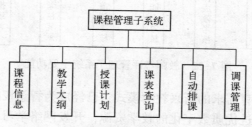

图 7-20　课程管理子系统主要功能

15. 教科研管理子系统

教科研管理子系统用于加强科研管理，实现管理科学化，整合规范科研业务，通过管理促进学校科研的发展。该系统应具有科研项目管理、合同管理、成果管理、科研情况查询等功能，可实现数据统一存储，实现整个学校科研信息的共享。教科研管理子系统的主要功能如图 7-21 所示。

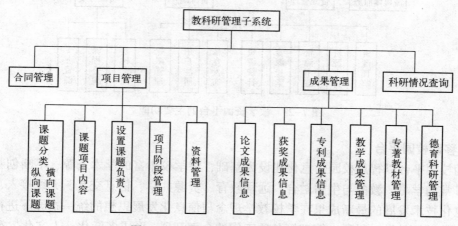

图 7-21　教科研管理子系统主要功能

16. 教师考评管理子系统

依托教师考评管理子系统，针对学校绩效考核的指标体系以及指标考核现状，用户可以更为直观地在同一平台上对教师考评过程中所涉及的大量工作数据进行添加、删除、修改、查询等基本操作，并处理指标体系当中的大量标准，自动生成绩效考核结果，方便对教职工的工作表现进行统计、分析。

通过对教职工的考评，可以激励和改善教职工日常工作。本系统的应用会降低本项工作的成本，节约工作时间，并使得考核结果更加客观准确。教师考评管理子系统主要功能如图 7-22 所示。

17. 教学资源平台

随着网络技术和教育技术的发展，基于互联网的网络教学是满足中职学生学习、员工技

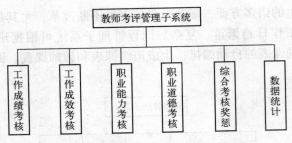

图 7-22　教师考评管理子系统主要功能

术培训与社会人员继续教育需求的新兴教学模式，已经成为智慧校园的重要组成部分。加强网络教学资源库建设，引进优质数字化的教学资源，开发网络学习课程，建立开放灵活的教育资源公共服务平台，可以促进优质教育资源普及共享。创新网络教学模式，开展高质量高水平远程教育，是中职学校开展网络教学的前提和基础。教学资源平台的主要功能如图 7-23 所示。

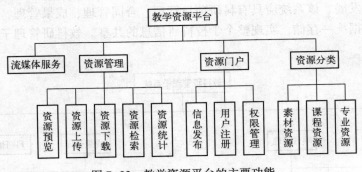

图 7-23　教学资源平台的主要功能

18. 移动校园平台

移动校园平台以智慧校园信息化建设为基础，将学校丰富的学术资源、不断创新的教学理念和日常的学习、教务与生活融合，远程教育、资源共享、信息交互、无线接入、移动终端等信息化技术发展的最新成果在学校教学理念与信息化发展思想的统一指导下进行移动式展现，推动学校教学、科研、管理等各项工作的全面开展，形成多元化、人文化、智慧化的信息服务环境。

移动校园平台的建设要点是制定应用系统移动数据信息接入技术标准，通过数据桥接、服务调度和信息订阅等多种方式，方便不同开发公司、不同技术框架的业务应用系统灵活、方便、适时接入移动校园平台，实现移动应用与实体应用之间的数据推送与信息交互。移动校园平台的主要功能如图 7-24 所示。

19. 在线考试管理子系统

在线考试管理子系统采用大规模试题库的计算机网络考试模式，以试题和试卷为管理单元，提供在线编辑试卷、安排考试、自动评阅客观题、辅助评阅主观题等功能。平台支持的试题种类包括格式化文本、图片、Flash 动画、音视频，无纸化的网上考试形式具有科学、及时、准确、公平等优点。在线考试管理子系统的主要功能如图 7-25 所示。

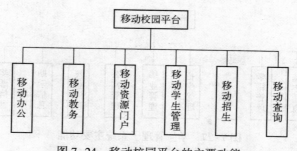

图 7-24　移动校园平台的主要功能

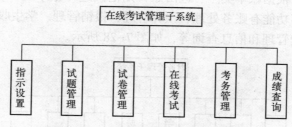

图 7-25　在线考试管理子系统的主要功能

20. 在线评教子系统

在线评教子系统是面向各部门、任课教师及行政人员，集各项考核管理工作于一体的综合管理信息系统，可以实现上级领导对教师的评价、教师的互评、学生对教师的评价、评教的设置及结果查看，为教职工提供方便、高效的考核环境，为各级管理人员搭建业务管理及协同平台，并积累教职工的考核管理相关数据，为后期应用系统提供数据来源。在线评教子系统的主要功能如图 7-26 所示。

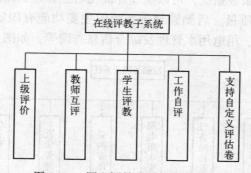

图 7-26　网上评教子系统主要功能

21. 学生管理子系统

学生管理子系统主要是借助信息化手段对传统的学生管理工作进行优化、整合和改造，融合现代化管理理念，实现对学生在校期间的各项业务（如基础信息、德育、团委、奖惩、助贷、宿舍、班主任等）进行信息化和精细化管理。学生管理子系统既可以独立运行，也可以与智慧校园进行无缝对接，主要功能如图 7-27 所示。

22. 财务管理子系统

财务管理子系统建设的主要目的是实现财务管理的信息化，向领导提供决策必要的财务信息，并向教职员工和学生提供财务信息服务，可进行进、出账登记管理；出账类型的查

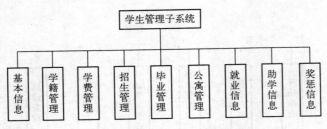

图 7-27　学生管理子系统主要功能

询、增删修改等操作；根据账单类型、进出账日期范围进行账单统计，并可导出相应报表。财务管理子系统的主要功能有账务处理、预算管理、报销管理、学生收费管理、助贷学金管理、工资管理、减免费管理和信息查询等，如图 7-28 所示。

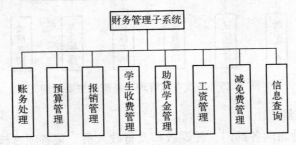

图 7-28　财务管理子系统主要功能

23. 后勤管理子系统

后勤管理子系统的总体目标是要建设一个架构先进、简单实用、安全稳定、维护便捷的基于智慧校园的后勤管理服务系统，可以梳理并优化后勤管理工作流程，提高后勤工作的效率和管理水平，保障服务质量。后勤管理子系统的主要功能有固定资产管理、设备维修管理、采购管理、食堂管理、用电用水管理及综合信息查询等，如图 7-29 所示。

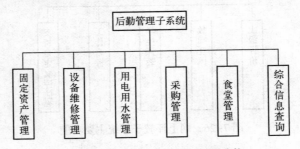

图 7-29　后勤管理子系统主要功能

24. 数字图书馆建设

数字图书馆是智慧校园建设的一个主要内容，是展现智慧校园应用的一个窗口，在学校教学和专业建设中发挥着重要作用。学校数字图书馆建设的主要内容如下所述。

1）对现有图书管理信息系统进行升级改造，实现与智慧校园各业务系统的对接，与校园一卡通系统实现数据联动。

2）扩充数字图书数量，建设标准化的电子阅览室，方便教师、学生阅览电子图书。

3）进行数字化期刊全文数据库建设，满足学校教科研、师资队伍内涵建设的需要；购置学术期刊数据库的镜像，建立校数字期刊平台。

4）重新整合图书馆现有数字资源，建立数字图书馆统一服务平台。

25. 校园安防系统建设

平安校园的建设也是智慧校园建设的一个主要内容，校园安防系统借助数字化的手段实现校园的安全，主要包括安全监控系统、门禁安全管理系统等。

安全监控系统是指利用视频技术探测、监视设防区域，并实时显示、记录现场图像的电子系统，工作人员可以通过遥控前端摄像机及其辅助设备直接观看被监视场所的一切情况，并把被监视场所的图像及声音全部或部分地记录下来，为日后对某些事件的处理提供方便条件和重要依据。安全监控系统是完全基于校园网络的数字监控系统，是一个纯数字架构的网络监控系统，依托校园网络，采用 VPN 通道方式传输数据，即可以使监控系统随意扩容，又保证了监控系统的安全性。视频监控系统主要由前端设备、传输部分、控制及显示记录部分组成。

智慧校园环境下的门禁系统，是指在学校重要场所安装，如机房、实验实训室、宿舍等，通过使用校园一卡通，实现记录学生信息、统计资源使用情况的应用系统，可实现对重要部门出入口的安全防范管理。在校门口安装通道门禁系统，进出人员刷卡进出，可实现考勤智能化管理，方便学生家长及时了解学生上下学情况。

7.4 实训 7 编写智慧校园建设方案

1. 实训目的

（1）了解智慧校园建设方案基本内容。

（2）熟悉智慧校园的整体架构。

（3）熟悉建设智慧校园的保障机制。

（4）掌握智慧校园建设的主要内容。

2. 实训步骤与内容

（1）结合本书内容，上网查找智慧校园建设方案包括哪些基本内容。

（2）分小组讨论后拟订方案目录，推选一个项目负责人。

（3）将拟定的方案目录交老师审核。

（4）按老师审核后的目录，将编写内容落实到人。

（5）将每个人编写的内容汇总，由项目负责人审核修改好后交老师。

7.5 思考题

（1）高职院校智慧校园建设的原则是什么？

（2）统一身份认证平台有何作用？

（3）统一的信息标准有何意义？

（4）举例说明"一卡通"在学校的应用。

参 考 文 献

[1] 王运武，于长虹．智慧校园——实现智慧教育的必由之路［M］．北京：电子工业出版社，2016．

[2] 樊铁成．高等学校智慧校园应用案例集：第一辑［M］．北京：清华大学出版社，2017．

[3] 高国华．智行校园 慧享学习——苏州市智慧校园示范校项目创建成果汇编［M］．苏州：苏州大学出版社，2018．

[4] 哈斯高蛙，张菊芳，凌佩，等．智慧教育［M］．2版．北京：清华大学出版社，2017．

[5] 杨红云，雷体南．智慧教育物联网之教育应用［M］．武汉：华中科技大学出版社，2016．

[6] 于丽．校园网络基础设施建设的项目设计与实践［M］．天津：南开大学出版社，2017．

[7] 国家市场监督管理总局，中国国家标准化管理委员会．智慧校园总体框架：GB/T 36342—2018［S］．北京：中国标准出版社，2018．

[8] 江苏省质量技术监督局．高等学校智慧校园建设与应用规范：DB32/T 3160—2016［S］．北京：中国标准出版社，2017．

[9] 中华人民共和国住房与城乡建设部，中华人民共和国国家质量监督检验检疫总局．数据中心设计规范：GB 50174—2017［S］．北京：中国计划出版社，2017．

[10] 中华人民共和国住房与城乡建设部，中华人民共和国国家质量监督检验检疫总局．互联网数据中心工程技术规范：GB 51195—2016［S］．北京：中国计划出版社，2016．

[11] 国家市场监督管理总局，中国国家标准化管理委员会．多媒体教学环境设计要求：GB/T 36447—2018［S］．北京：中国标准出版社，2018．

[12] 蒋东兴，付小龙，袁芳，等．高校智慧校园技术参考模型设计［J］．中国电化教育，2016，9：113-119．

[13] 陈琳，华璐璐，冯熳，等．智慧校园的四大智慧及其内涵［J］．中国电化教育，2018，2：84-89．

[14] 杨杰，曹小平．基于智慧校园的数据中心建设研究［J］．电子技术与软件工程，2016，13：206．

[15] 刘冬邻．智慧校园数据中心平台建设研究［J］．电子技术与软件工程，2016，3：218-219．

[16] 曹立明，丁勇．关于现代化智慧校园的数据中心建设研究［J］．科学与信息化，2017，6：29-30，32．

[17] 何振华，杨美，黄晓波．智慧教室建设与应用的实践探究［J］．时代教育，2017，16：15．

[18] 刘李春，王庭观．智慧教室的系统模型与特征探析［J］．中国教育信息化，2017，21：60-64．

[19] 黄小东．高职院校多媒体教室建设与管理［J］．科技资讯，2015，16：162，164．

[20] 朱宝殊．大数据时代高校智慧校园服务平台建设探析［J］．信息与电脑（理论版），2017，23：35-36．

[21] 辛建平，万波．智慧校园信息化运行支撑平台的建设策略［J］．电脑知识与技术，2017，8：61-62．

[22] 何晓冬．智慧校园云平台建设策略［J］．现代职业教育（高职高专），2016，7：366-368．

[23] 石裕东，费梦琼．论加强高校微文化建设［J］．改革与开放，2015，13：111-112．

[24] 陈功文．高校智慧校园微文化建设［J］．河北民族师范学院学报，2017，5：109-123．

[25] 崔爱国．高职院校智慧校园的构建与思考——以苏州建设交通高等职业技术学校为例［J］．电脑知识与技术，2017，36：263-264．

[26] 刘维岗．高职院校智慧校园建设实证研究［J］．电脑编程技巧与维护，2017，24：26-28．

[27] 朱宇华．高校智慧校园应用支撑平台建设［J］．电脑知识与技术，2016，30：274-276，279．